高等职业教育"十二五"机电类规划教材

钳工实训与技能考核训练

主　编　苏　伟　姜庆华
副主编　朱红梅　臧亚东
参　编　刘清堂　韩　吉　杨伟峰

机械工业出版社

本书根据相关国家职业标准和行业职业技能鉴定初级、中级和高级技术工人考核标准编写而成，主要内容是将钳工操作基础知识、划线、锯削、锉削、錾削、孔加工、攻螺纹和套螺纹、锉配、研磨和抛光、企业岗位技能要求等内容有序安排到各实训项目中。本书采用项目教学法，深入浅出，通俗易懂。

本书可作为高职高专院校机械类和近机械类专业钳工理实一体化教材，也可作为相关行业岗位培训教材或自学用书。

本书配有电子课件，凡使用本书作教材的教师可登录机械工业出版社教育服务网（http://www.cmpedu.com）下载，或发送电子邮件至 cmp-gaozhi@sina.com 索取。咨询电话：010-88379375。

图书在版编目（CIP）数据

钳工实训与技能考核训练/苏伟，姜庆华主编. —北京：机械工业出版社，2015.3（2019.2 重印）
高等职业教育"十二五"机电类规划教材
ISBN 978 - 7 - 111 - 49605 - 2

Ⅰ. ①钳… Ⅱ. ①苏…②姜… Ⅲ. ①钳工 - 高等职业教育 - 教材
Ⅳ. ①TG9

中国版本图书馆 CIP 数据核字（2015）第 047524 号

机械工业出版社（北京市百万庄大街 22 号　邮政编码 100037）
策划编辑：王英杰　徐东鹤　责任编辑：王英杰　武　晋
责任校对：刘雅娜　　　　　封面设计：陈　沛
责任印制：邝　敏
北京圣夫亚美印刷有限公司印刷
2019 年 2 月第 1 版第 4 次印刷
184mm×260mm ·15 印张·370 千字
6901—9400 册
标准书号：ISBN 978 - 7 - 111 - 49605 - 2
定价：37.00 元

前　言

本书是应高职高专钳工理论和实训一体化教学需求而编写的，采用项目教学法，编写风格图文并茂，以图示为主，文字通俗易懂。

本书依据国家职业资格考试标准，针对企业钳工岗位技能要求而编写。主要特点如下：

（1）以能力为本位，以就业为导向。

（2）理论知识以职业技能所依托的理论为主线，以必需和够用为原则。

（3）操作以图示意，图文结合。

（4）理论和实训一体化教材，缩短了理论和实践的距离，改善了学习效果，提高了学习效率。

（5）实训材料力求节俭，在保证完成训练目的的前提下，充分降低实训耗材。

本书参考了《工具钳工国家职业标准》，并在借鉴国外先进的职业教育理念、模式和方法的基础上，结合我国高职高专教育的实际情况，进行了适当的探索，注重理论联系实践，充分体现了新时期职业教育的特色。

本书在编写过程中力求先进性、适用性、趣味性等特点，又注意结合工具钳工和模具钳工的特点，使读者由浅入深地学习钳工相关知识，能够达到举一反三，触类旁通的效果。

本书教学共需 224 学时，学时分配参考下表：

内容安排	学时数	内容安排	学时数
项目一　钳工入门	4	项目八　燕尾形件锉配	14
项目二　手工制作锤头	26	项目九　90°山形件锉配	14
项目三　凹凸件锉配	26	项目十　制作划规	38
项目四　四方件镶配	12	项目十一　制作刀口形直角尺	38
项目五　8字形件镶配	16	机动	8
项目六　六方件镶配	14	合计	224
项目七　五方件镶配	14		

本书由苏伟、姜庆华担任主编，朱红梅、臧亚东担任副主编。其中吉林化工学院苏伟编写项目二，唐山工业职业技术学院姜庆华编写项目三、项目十一、附录 A，吉林化工学院朱红梅编写项目一、项目四、项目六、项目七、项目十，吉林省劳动和社会保障厅职业技能鉴定中心臧亚东编写项目五，吉林化工学院刘清堂编写附录 B，吉林化工学院杨伟峰编写项目九，吉林化工学院韩吉编写项目八。

本书编写过程中，得到了中航工业吉航维修有限公司于秋和李忠、长春市创亿模具有限公司柳林、东北工业集团有限公司韩云通等的大力支持，同时也借鉴了国内外同行编写的资料和文献，在此一并表示衷心的感谢。

本书可作为高职高专院校钳工理实一体化教学教材，也可作为各类学校和培训机构进行初级、中级、高级钳工职业资格考试的培训教材，以及职工上岗前培训教材。

由于编者水平有限，书中难免存在缺漏，恳请读者批评指正。

编　者

目　录

项目一 钳 工 入 门

任务一 参观钳工实训场地

学习目标

1. 初步认识钳工的工作现场和工作过程。
2. 了解钳工实训的主要设备及工、量、刃具的名称和功能。
3. 明确实训场地的规章制度。

技能目标

1. 能正确使用和维护台虎钳。
2. 能正确使用和维护钳工常用设备。

任务描述

在教师的带领下，参观钳工实训现场，如图 1-1 所示，感知钳工的工作环境。在参观中，了解钳工实训常用的各种设备，工、量、刃具及历届学生加工的作品。

任务分析

本任务主要学习钳工设备的使用，熟悉台虎钳的使用和维护，了解钳工实训安全生产常识。通过本任务的学习和训练，使学生掌握钳工工、量具的摆放和台虎钳的维护。

任务准备

图 1-1 钳工实训现场

一、工、量具知识

1. 钳工工作台（钳台）

钳工工作台是钳工专用的工作台，它常用来安装台虎钳，放置工具和工件，如图 1-2 所示。

2. 台虎钳

台虎钳装在工作台上，用来夹持工件，其规格用钳口宽度表示，常用的规格有 100mm、125mm、150mm 等。台虎钳按结构形式分为固定式台虎钳和回转式台虎钳两种，如图 1-3 所

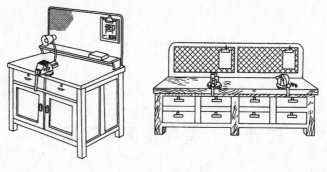

图 1-2   钳台

示。回转式结构的台虎钳由丝杠、手柄、钳口、螺钉螺母固定盘、转盘底座、固定钳身、挡圈、弹簧、活动钳身等构成。

a)   b)

图 1-3   台虎钳

a）固定式台虎钳   b）回转式台虎钳

3. 砂轮机

砂轮机主要用来刃磨錾子、钻头、刮刀等刀具或样冲、划针等其他工具，也可以用于磨去工件或材料上的毛刺、锐边。砂轮机主要由砂轮、电动机和机体组成，如图 1-4 所示。

4. 钻床

钻床是用来加工孔的设备。钳工常用的钻床有台式钻床、立式钻床和摇臂钻床。

台式钻床用来钻 ϕ13mm 以下的孔，钻床的规格用钻孔的最大直径来表示，常用的规格有 ϕ6mm 和 ϕ12mm 等几种。由于台式钻床的最低转速较高（一般不低于 400r/min），不适于锪孔、铰孔。常见的台式钻床型号为 Z5032，如图 1-5 所示。

立式钻床一般用来钻、扩、锪、铰中小型工件上的孔，其规格（最大钻孔直径）有 ϕ25mm、ϕ35mm、ϕ40mm 和 ϕ50mm 等几种，如图 1-6 所示，主要由主轴、变速箱、进给箱、工作台、立柱、底座等组成。

图 1-4   砂轮机

摇臂钻床用于大工件及多孔工件的钻孔，它需通过移（转）动钻轴对准工件上孔的中心来钻孔，如图 1-7 所示。

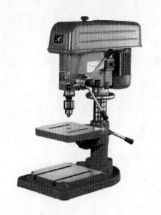
图 1-5　Z5032 台式钻床

图 1-6　立式钻床

图 1-7　摇臂钻床

5. 常用工具

钳工常用的工具有划线用划针、划针盘、划线平板、划规和样冲等，以及手锯、铰杠、锤子和扳手等，如图 1-8 所示。

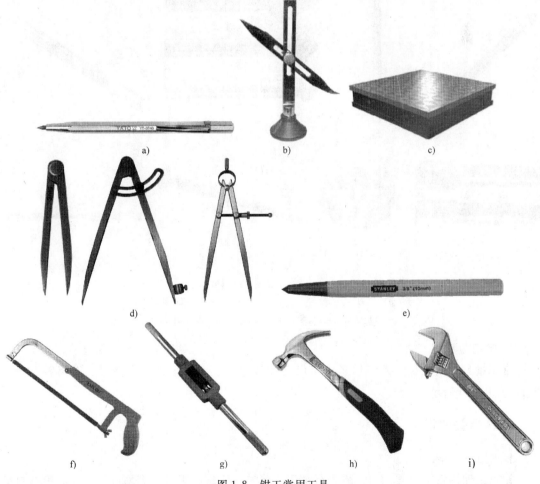

图 1-8　钳工常用工具

a) 划针　b) 划针盘　c) 划线平板　d) 划规　e) 样冲　f) 手锯　g) 铰杠　h) 锤子　i) 扳手

6. 常用刃具

常用刃具有錾削用的錾子，锉削用的锉刀，锯削用的锯条，孔加工用的麻花钻、扩孔钻、锪钻、铰刀，螺纹加工用的丝锥、板牙，以及刮削用的各种平面刮刀和曲面刮刀，如图1-9所示。

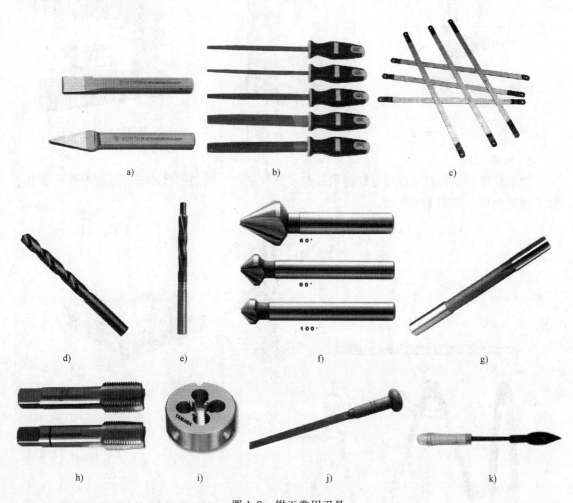

图1-9　钳工常用刃具
a）錾子　b）锉刀　c）锯条　d）麻花钻　e）扩孔钻　f）锪钻　g）铰刀
h）丝锥　i）板牙　j）平面刮刀　k）曲面刮刀

7. 常用量具

常用量具有钢直尺、刀口尺、直角尺（90°角尺）、游标卡尺、千分尺、塞尺和百分表等，如图1-10所示。

二、相关知识

1. 钳工的概念

钳工是使用钳工工具，对工件进行加工、修整、装配的工种。在实际工作中，有些机械加工不太适宜或不能解决的某些工作，必须由钳工来完成。钳工的主要任务是零件加工，装

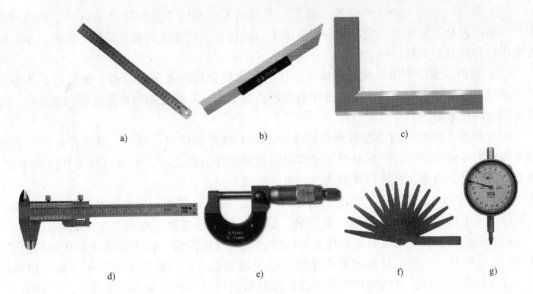

图 1-10　常用量具

a）钢直尺　b）刀口尺　c）直角尺　d）游标卡尺　e）千分尺　f）塞尺　g）百分表

备和机械设备的维护、修理等。

一台机器是由许多不同的零件组成的，这些零件加工后需由钳工进行装配。在装配过程中，一些零件还需经过钳工的钻孔、攻（套）螺纹、配键和配销等加工。甚至有些精度并不高的零件，还要经过钳工的仔细修配才能达到较高的装配精度。另外，使用时间较久的机器其自然磨损或因事故发生损坏，都会直接影响机器的工作精度和使用性能，此时应根据磨损和损坏的程度由钳工进行修理。再如精密的量具、样板、夹具和模具等，其制造都离不开钳工的加工。由此可见钳工的任务是多方面的，而且具有很强的专业性和技艺性。

2. 钳工的分类

随着机械加工的日益发展和生产率的不断提高，钳工的技术也越来越趋向复杂化。钳工的常见分类如下：

（1）普通钳工（零件制造）

（2）装配钳工（设备的装配和调试）

（3）修理钳工（设备的维修）

（4）模具钳工（模具的制造、装配、维修及调试）

（5）工具钳工（工具、量具的制造及修理）

3. 钳工必须具备的基本操作技能

钳工的工作范围很广，而且专业化的分工也比较明确，但是每个钳工都必须熟练地掌握钳工各项基本操作技能并能很好地运用。钳工的基本操作技能具体体现在划线、錾削、锯削、锉削、钻孔、扩孔、锪孔、铰孔、攻螺纹、套螺纹、刮削、研磨、矫正与弯形、装配和修理、测量等方面。

（1）划线　划线作为零件加工的第一道工序，与零件的加工余量有着密切的关系。钳工在划线时，首先应熟悉图样，合理使用划线工具，按照划线步骤在待加工工件上划出零件的加工界限、各种孔的中心线，作为零件装夹、加工的依据。

（2）錾削　錾削是钳工的最基本操作，是利用錾子和锤子这些简单工具对工件进行切削和切断的操作。錾削主要在零件加工要求不高或机械无法加工的场合采用。同时，錾削中还要求操作者具有熟练的锤击技能。

（3）锯削　锯削用来分割材料或在工件上锯出符合技术要求的沟槽。锯削时必须根据工件的材料性质和工件形状，正确选用锯条和锯削方法，从而使锯削操作能顺利地进行，并达到规定的技术要求。

（4）锉削　锉削是利用各种形状的锉刀，对工件进行切削、整形，使工件达到较高的精度和较为准确的形状。锉削是钳工工作中的主要操作方法之一，它可以对工件的外平面、曲面、内外角、沟槽、孔和各种形状的表面进行加工。

（5）孔加工（包括钻孔、扩孔、锪孔和铰孔）　钻孔、扩孔、锪孔和铰孔是钳工对孔进行粗加工、半精加工和精加工的三种方法，应用时根据孔的加工要求和加工条件选用。其中，钳工钻孔、扩孔、锪孔是在钻床上进行的，铰孔可用手铰，也可以通过钻床进行机铰。掌握钻孔、扩孔、锪孔、铰孔的操作技能，必须熟悉钻、扩、锪、铰等所用刀具的切削性能，以及钻床和一些夹具的结构性能，合理选用切削用量。熟练掌握手工操作的具体方法，是保证钻孔、扩孔、锪孔、铰孔加工质量的关键。

（6）螺纹加工（包括攻螺纹和套螺纹）　攻螺纹是用丝锥在工件内圆柱面上加工出内螺纹的加工方法，套螺纹是用圆板牙在工件外圆柱面上加工外螺纹的加工方法。钳工所加工的螺纹，通常都是直径较小的三角螺纹或不适宜在机床上加工的螺纹。

（7）刮削和研磨　刮削是钳工对工件进行精加工的一种方法。通过刮削，不仅可以获得较高的几何精度、尺寸精度、接触精度和传动精度，而且还能通过刮刀在刮削过程中对工件表面产生的挤压，使表面组织紧密，从而提高材料的力学性能，以及耐磨性和耐蚀性。

研磨是最精密的加工方法。它是通过磨料在研具和工件之间作滑动、滚动产生微量切削，使工件达到很高的尺寸精度和很低的表面粗糙度的一种加工方法。

（8）矫正和弯形　矫正和弯形是利用金属材料的塑性变形，采用合适的方法，对变形或存在某种缺陷的原材料和零件加以矫正，以消除变形等缺陷，或者利用专用工具将原材料弯成图样所需要的形状，并对弯形前的材料进行落料长度计算。

（9）装配和修理　装配就是按图样规定的要求，将零件通过适当的连接形式组合成部件或完整的机器。修理就是对使用日久或由于操作不当而精度和性能下降，甚至损坏的机器或零件进行调整，使之恢复到原来的精度和性能要求。

（10）测量　在生产过程中要保证零件的加工精度和要求，首先对产品要进行必要的测量和检验。钳工在零件加工装配过程中，经常利用导板、游标卡尺、千分尺、百分表和水平仪等对零件或装配件进行测量检查。这些都是钳工必须掌握的测量技能。

另外，钳工还必须了解和掌握金属材料热处理的一般知识，熟练掌握一些钳工工具的制造和热处理方法，如锤子、錾子、样冲、划针、划规和刮刀等工具的制造和热处理方法。

4. 钳工的特点

1）加工灵活、方便，能加工形状复杂、质量要求高的零件。

2）工具简单，制造方便，材料来源充足，成本低。

3）工作范围广，劳动强度大，生产率低，对工人技术水平要求高。

5. 钳工的加工范围

1）工件加工前的准备工作，如清理毛坯、在工件上划线。

2）加工精密零件。例如常用的样板就是钳工采用锉削的方法加工出来的，还有机器、量具的配合表面是钳工采用刮削、研磨的方法加工出来的。

3）在工件上加工内、外螺纹等。

4）零件装配成机器时，互相配合零件的调整，整台机器的组装、调试等。

5）机器设备的保养、维护。

任务二 安全文明生产和纪律教育

学习目标

1. 初步了解实训中的安全文明要求。

2. 能够严格遵守安全操作规范。

3. 能够严格遵守实训纪律要求。

任务准备

文明生产和安全生产是实训的重要内容，它涉及国家、学校、个人的利益，影响实训的效果，影响设备的利用率和使用寿命，影响学生的人身安全。因此，在实训车间等工作场所设置有醒目的标志，提醒学生正确着装，并做好安全防护工作。只有正确理解各种安全标志，避免各类技术安全事故发生，才能保证实训的正常进行。常见的安全标志见表1-1。

表1-1 常见安全标志

禁止烟火 (No burning)	禁止吸烟 (No smoking)	禁止带火种 (No kindling)	禁止用水灭火 (No extinguishing with water)	禁止放置易燃物 (No laying inflammable thing)
禁止堆放 (No stocking)	禁止启动 (No starting)	禁止合闸 (No switching on)	禁止转动 (No turning)	禁止叉车和厂内机动车辆通行 (No access for fork lift trucks and other industrial vehicles)

（续）

禁止乘人 （No riding）	禁止靠近 （No nearing）	禁止入内 （No entering）	禁止推动 （No pushing）	禁止停留 （No stopping）
禁止通行 （No thoroughfare）	禁止跨越 （No striding）	禁止攀登 （No climbing）	禁止跳下 （No jumping down）	禁止伸出窗外 （No stretching out of the window）
禁止依靠 （No leaning）	禁止坐卧 （No sitting）	禁止蹬踏 （No stepping on surface）	禁止触摸 （No touching）	禁止伸入 （No reaching in）
禁止饮用 （No drinking）	禁止抛物 （No tossing）	禁止戴手套 （No putting on gloves）	禁止穿化纤服装 （No putting on chemical fibre clothings）	禁止穿带钉鞋 （No putting on spikes）
注意安全 （Warning danger）	当心腐蚀 （Warning corrosion）	当心触电 （Warning electric shock）	当心电缆 （Warning cable）	当心爆炸 （Warning explosion）
当心吊物 （Warning overhead load）	当心落物 （Warning falling objects）	当心机械伤人 （Warning mechanical injury）	当心自动启动 （Warning automatic start-up）	当心烫伤 （Warning scald）

（续）

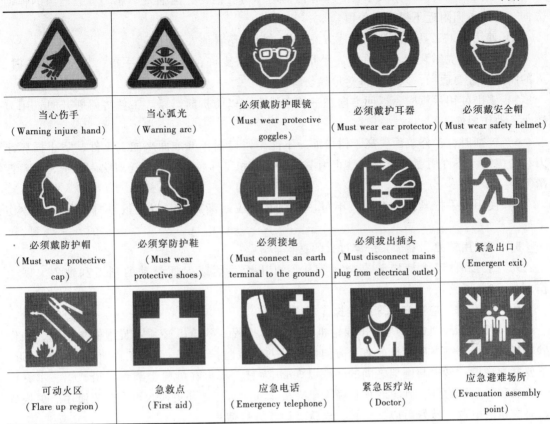

当心伤手 （Warning injure hand）	当心弧光 （Warning arc）	必须戴防护眼镜 （Must wear protective goggles）	必须戴护耳器 （Must wear ear protector）	必须戴安全帽 （Must wear safety helmet）
必须戴防护帽 （Must wear protective cap）	必须穿防护鞋 （Must wear protective shoes）	必须接地 （Must connect an earth terminal to the ground）	必须拔出插头 （Must disconnect mains plug from electrical outlet）	紧急出口 （Emergent exit）
可动火区 （Flare up region）	急救点 （First aid）	应急电话 （Emergency telephone）	紧急医疗站 （Doctor）	应急避难场所 （Evacuation assembly point）

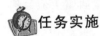

任务实施

1. 实训前

1）实训（工作）前必须穿好工作服，戴好防护用品。否则不许进入实训车间。

2）工作服：要求不得缺扣，穿戴要"三紧"，即领口紧、袖口紧和衣襟紧。夏季，男生不得穿背心、短裤；女生不得穿裙子。冬季，禁止穿大衣、围围巾。

3）鞋：胶鞋、皮鞋、旅游鞋等，要系好鞋带。禁止穿高跟鞋、拖鞋。穿耐油、防滑和鞋面抗砸的劳动保护鞋。

4）帽：安全帽的帽衬与帽衣要有空间；头发长的同学（工人）必须戴安全帽，且将长发纳入帽中。

5）眼镜：要擦净。

6）机械加工时，必须有两人以上在场。

7）禁止戴手套操作机床。

8）禁止两人及两人以上同时操作同一台机床。

9）实训期间禁止打电话、玩手机，不允许嬉戏、打闹。

2. 实训中

1）带木把的工具必须装牢，不许使用有松动的工具。不能使用没有装手柄或手柄裂开的工具。

2）使用锤子时，严禁戴手套，手和锤柄均不得有油污，锤柄要牢靠。掌握适当的挥动方向，挥锤方向附近不得有人停留。

3）使用钳工工具时注意放置地方及方位，以防伤害他人。

4）使用台虎钳装夹小工件时，手指要离开钳口少许，以免夹伤手指；装夹大工件时，人的站立位置要适当，以防工件落地砸伤脚。

5）锯削使用手锯时，返回方向在一条直线上，以防折断锯条。工件将要断开时，用力要小，动作要慢。

6）锉削时，工件表面要高于钳口面。不能用钳口面作基准面来加工工件，防止损坏锉刀和台虎钳。不许用嘴吹锉屑，禁止用手擦拭锉刀和工件表面，以免锉屑吹入眼中、锉刀打滑等。

7）使用扳手拧紧或松开时，不可用力过猛，应逐渐施力，以免扳手打滑伤人或擦伤手部。

8）不可用铲刀、錾子去铲淬过火的材料。

9）刮刀和锉刀木柄应装有金属箍，不可用无手柄或刀柄松动的刮刀和锉刀，以免伤人。

10）钻孔时，应遵守钻床安全操作规程。

11）使用砂轮机时，应遵守砂轮机安全操作规程。砂轮机必须安装钢板防护罩，操作砂轮机时，严禁站在砂轮机的直径方向操作，并应戴防护眼镜。磨削工件时，应缓慢接近，不要猛烈碰撞，砂轮与磨架之间的间隙以 3mm 为宜。不得在砂轮上磨铜、铅、铝、木材等软金属和非金属物件。砂轮磨损直径大于夹板 25mm 时，必须更换，不得继续使用。更换砂轮时应切断电源，装好后应试运转，确认无误后方可使用。

12）使用带电工具时应首先检查是否漏电，并遵守安全用电规定，电源插座上应装有漏电保护器。

13）多人操作时，必须一人指挥，相互配合，协调一致。

14）量具应在固定地点使用和摆放，加工完毕后，应把量具擦拭干净并装入盒内。

3. 实训后

1）清理切屑，打扫实训现场卫生，把刀具、工具、材料等物品整理好。

2）按机床润滑图逐点进行润滑，经常观察油标、油位，采用规定的润滑油和润滑脂。适时调整轴承和导轨间隙。

3）必须做好防火、防盗工作，检查门窗是否关好，相关设备和照明电源开关是否关好。

职业素养提高

1. 什么是 5S 现场管理法？

5S 现场管理法，是一种现代企业管理模式。5S 即整理（SEIRI）、整顿（SEITON）、清扫（SEISO）、清洁（SEIKETSU）、素养（SHITSUKE），又称为"五常法则"或"五常法"。

2. 5S 管理背景

因日语的罗马拼音均以"S"开头，英语也是以"S"开头，所以简称"5S"（注：日语分别为せいり、せいとん、せいそう、せいけつ、しつけ）。

　　5S起源于日本，是指在生产现场中对人员、机器、材料、方法等生产要素进行有效的管理，这是日本企业一种独特的管理办法。1955年，日本的5S的宣传口号为"安全始于整理，终于整理、整顿"。当时只推行了前两个S，其目的仅是确保作业空间和安全。到了1986年，日本的有关5S的著作逐渐问世，对整个现场管理模式起到了冲击作用，并由此掀起了5S热潮。

　　日本各企业将5S运动作为管理工作的基础，推行各种品质的管理手法，第二次世界大战后，其产品品质得以迅速提升，奠定了经济大国的地位。在丰田公司的倡导推行下，5S在塑造企业形象、降低成本、准时交货、安全生产、高度的标准化、创造令人心旷神怡的工作场所、现场改善等方面发挥了巨大作用，逐渐被管理界所认识。随着世界经济的发展，5S已经成为工厂管理的一股新潮流。5S广泛应用于制造业、服务业等，主要是针对制造业在生产现场，对材料、设备、人员等生产要素开展相应活动，使企业能有效地迈向全面质量管理。根据自身进一步发展的需要，有的企业在5S的基础上增加了安全（SAFETY），形成了6S；有的企业甚至推行12S。但是万变不离其宗，它们都是从"5S"里衍生出来的。例如在整理中要求清除无用的东西或物品，这在某些意义上来说就涉及节约和安全，例如横在安全通道中无用的垃圾，就是安全应该关注的内容。

巩固与提高

简答题

1. 钳工的常见分类有哪些?

2. 钳工的加工特点有哪些?

3. 钳工的加工范围包括什么?

4. 5S管理具体指的是什么?

钳工实训安全和纪律教育总结

项目二　手工制作锤头

本项目旨在了解钳工基础知识，练习划线、锯削、锉削、钻孔等钳工基本技能，熟悉钳工常用工、量具的使用方法。通过本项目的学习和训练，制作图 2-1 所示锤头。

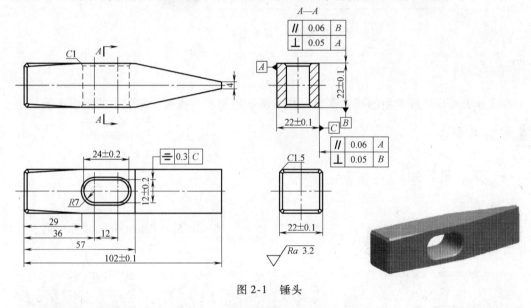

图 2-1　锤头

任务一　下　　料

学习目标

1. 了解手锯的组成。
2. 掌握常用锯条规格。

技能目标

1. 会用钢直尺准确测量工件长度。
2. 掌握锯削姿势和方法。
3. 掌握各种形状材料的锯削技巧，并达到一定的锯削精度。
4. 根据不同的材料正确选用锯条，并能安装。
5. 熟悉有关锯削的废品分析和锯削的一些安全文明生产知识。
6. 能够按要求下料。

任务描述

图 2-2 所示为锤头毛坯，加工后尺寸为 $\phi 32\mathrm{mm} \times 110\mathrm{mm}$。本次任务是选择合适的加工

工具和量具对圆钢进行手工加工，并达到图样要求。在加工过程中将初步接触到划线、锯削等钳工基本技能，加工中要注意工、量具的正确使用。

图 2-2　锤头毛坯

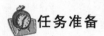 **任务分析**

本任务主要是培养学生的职业素养，并且使学生初步掌握钳工岗位中的锯削技能。

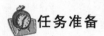 **任务准备**

一、工、量具知识

1. 钢直尺

钢直尺是最简单的长度量具，它按长度有 15cm，30cm，50cm 和 100cm 四种规格。常用的长度规格是 300cm，如图 2-3 所示。

图 2-3　钢直尺

钢直尺用于测量零件的长度尺寸，它的测量结果不太准确。这是由于钢直尺的刻线间距为 1mm，而刻线本身的宽度就有 0.1 ~ 0.2mm，所以测量时读数误差比较大，只能读出毫米数，即它的最小读数值为 1mm，比 1mm 小的数值只能估计而得。

如果用钢直尺直接测量零件的直径尺寸（轴径或孔径），则测量精度更差。这是因为除了钢直尺本身的读数误差比较大以外，无法正好将钢直尺放在零件直径的正确位置。因此，测量零件直径尺寸时，可以将钢直尺和内、外卡钳配合起来进行。

2. 锯削工具

手锯是钳工的手动工具，用来对材料或工件进行切断或切槽等，由锯弓和锯条两部分组成。

（1）锯弓　用来装夹并张紧锯条的工具，有固定式锯弓和可调式锯弓两种，如图 2-4 所示。

固定式锯弓只使用一种规格的锯条；可调式锯弓，因其弓架是由两段组成的，可使用几种不同规格的锯条。因此，可调式锯弓使用起来较为方便。

可调式锯弓由手柄、方形导管、夹头等组成。其中，夹头分固定夹头和活动夹头，其上安装有挂锯条的销钉。活动夹头上还装有拉紧螺钉，并配有蝶形螺母，以便拉紧锯条。

（2）锯条（手用锯条）　一般是 300mm 长的单向齿锯条。锯削时，锯入工件越深，锯

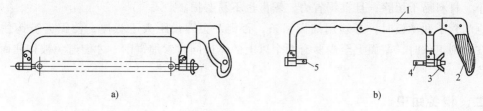

图 2-4　锯弓
a）固定式锯弓　b）可调式锯弓
1—锯弓　2—手柄　3—蝶形螺母　4—夹头　5—方形导管

缝的两边对锯条的摩擦阻力就越大，严重时会把锯条夹住。为了避免锯条在锯缝中被夹住，将锯齿有规律地向左右扳斜，使锯齿形成波浪形或交错形的排列，一般称之为锯路，如图 2-5 所示。锯削时，各个齿相当于一排同样形状的錾子，每个齿都起到切削的作用，如图 2-6 所示。一般锯条的前角 $\gamma_o = 0°$，后角 $\alpha_o = 40°$，楔角 $\beta_o = 50°$。

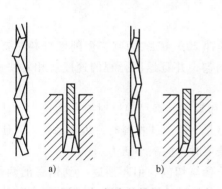

图 2-5　锯齿的排列
a）交叉形　b）波浪形

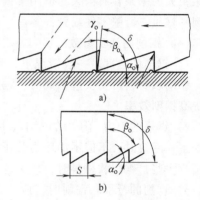

图 2-6　锯齿的切削角度
a）切削角度和运动方向　b）切削角度和齿距

为了减少锯条的内应力，充分利用锯条材料，目前已出现双面有齿的锯条。这种锯条两边的锯齿淬硬，中间锯齿保持较好的韧性，不宜折断，使用寿命长。

锯齿的粗细规格是以锯条每 25mm 长度内的齿数来划分的，锯齿的规格及应用见表 2-1。

表 2-1　锯齿规格及应用

锯齿规格	锯条 25mm 长度内的齿数	应　用
粗	14 ~ 18	锯削软钢、黄铜、铝、铸铁、纯铜、人造胶质材料
中	22 ~ 24	锯削中等硬度钢、厚壁钢管、铜管
细	32	锯削薄片金属、薄壁管材
细变中	20 ~ 32	易于起锯

通常粗齿锯条齿距大，容屑空隙大，适用于锯削软材料或较大切面。因为这种情况每锯一次的切屑较多，只有大容屑槽才不会堵塞而影响锯削效率。

锯削较硬材料或切面较小的工件应该用细齿锯条。因为硬材料不易锯入，每锯一次切屑较少，不易堵塞容屑槽。细齿锯同时参加切削的齿数增多，可使每齿担负的锯削量小，锯削阻力小，材料易于切除，且推锯省力，锯齿也不易磨损。

锯削管子和薄板时，必须用细齿锯条，否则，会因齿距大于板厚，使锯齿被钩住而崩断。在锯削工件时，截面上至少要有两个以上的锯齿同时参加锯削，才能避免被钩住而崩断的现象。

二、相关知识

1. 锯削基础知识

（1）锯削的概念　用手锯锯断金属材料或在工件上锯出沟槽的操作称为锯削。锯削适用于较小工件的加工。

（2）锯削的工作范围　锯削主要用于分割各种材料或半成品，锯掉工件上的多余部分或在工件上锯槽。

（3）锯条的选择　钳工锯削时，要根据零件的材质和断面几何形状选择锯齿的粗细。齿距粗大的锯条容屑槽大，适用于锯削软材质、断面较大的零件，齿距较细的锯条则适用于锯削硬材质、薄壁零件或管件等。

（4）锯削的加工参数

1）锯削的速度。一般情况下，锯削速度以每分钟 20～40 次为宜。锯削硬材料时要慢些，锯削软材料时要快些，同时，锯削行程应保持均匀，并且返回行程的速度应相对快些，以提高锯削效率。

2）锯削的压力。压力的大小直接影响锯削质量和效率。锯弓前进时要加大压力，让锯齿切削；后拉时，不但不加压力，还应把手锯微微抬起。锯削硬材料时，因不易切入，压力可适当大些；锯削软材料时，压力应小些。锯削快结束时，应减小压力。

3）锯削的行程。锯削时，应尽量使锯条的全长参与切削，但不要碰撞到锯弓的两端。为避免局部磨损而卡锯，一般锯削行程应不小于锯条长度的 2/3，从而可以延长锯条的使用寿命和提高工作效率。

2. 锯削的方法

锯削时，应根据工件材料或其结构、形状的不同采用不同的锯削方法。几种常用材料的锯削方法见表 2-2。

表 2-2　几种常用材料的锯削方法

锯削的典型零件	图　示	方　法
棒料		锯削前，将工件夹持平稳，尽量使其保持水平位置，并且使锯条与工件保持垂直，以防锯缝歪斜 如果要求锯削的断面比较平整，应从开始连续锯到结束。若锯出的断面要求不高，锯削时可改变几次方向，将棒料转过一定的角度再锯，这样由于锯削面变小而容易锯入，可提高工作效率 锯削毛坯棒料时，断面质量要求不高，为了节省锯削时间，可分几个方向锯削，每个方向都不锯到中心，然后将毛坯折断

（续）

锯削的典型零件	图　示	方　法
管料	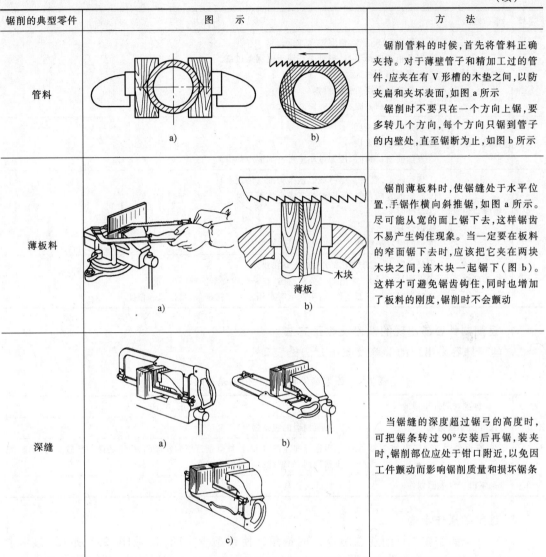	锯削管料的时候，首先将管料正确夹持。对于薄壁管子和精加工过的管件，应夹在有 V 形槽的木垫之间，以防夹扁和夹坏表面，如图 a 所示 锯削时不要只在一个方向上锯，要多转几个方向，每个方向只锯到管子的内壁处，直至锯断为止，如图 b 所示
薄板料		锯削薄板料时，使锯缝处于水平位置，手锯作横向斜推锯，如图 a 所示。尽可能从宽的面上锯下去，这样锯齿不易产生钩住现象。当一定要在板料的窄面锯下去时，应该把它夹在两块木块之间，连木块一起锯下（图 b）。这样才可避免锯齿钩住，同时也增加了板料的刚度，锯削时不会颤动
深缝		当锯缝的深度超过锯弓的高度时，可把锯条转过 90° 安装后再锯，装夹时，锯削部位处于钳口附近，以免因工件颤动而影响锯削质量和损坏锯条

3. 锯削时常出现的事故及原因分析

锯削时常出现的事故及原因分析见表 2-3。

表 2-3　锯削时常出现的事故及原因分析

序号	事故现象	原　因　分　析
1	锯条折断	①锯条安装过紧或过松 ②工件装夹过松或不正 ③锯缝歪斜过多时强行矫正 ④锯削压力太大或突然加力 ⑤推拉不在一条线，左右摆动大 ⑥新换锯条后在原锯缝中被卡住，强行推拉 ⑦零件锯断时锯条撞击其他硬物 ⑧锯弓装夹不正确或突然松动

（续）

序号	事故现象	原 因 分 析
2	锯条崩断	①起锯方向不正确，角度过大或近起锯 ②锯条粗细选择不当，锯管子或薄板时锯条过细 ③起锯时用力过大 ④工件钩住锯齿后强行推锯 ⑤锯削时碰到砂眼、杂质时突然加大压力
3	锯齿过早磨损	①锯条的方向装反 ②锯削的速度太快 ③锯削硬质材料时，压力过小或没有润滑冷却措施
4	锯缝歪斜	①锯弓不正，要矫正锯弓或以锯条为准与划线平行 ②起锯的方向歪斜，手锯没扶正或目测不及时 ③零件装夹不正 ④锯条装夹过松 ⑤锯削时双手操作不协调，推力、压力和方向没掌握好
5	零件报废	①尺寸锯小，应按划出的线条锯，锯在线外 ②锯缝歪斜过大，超出加工要求范围，在锯削中要早发现、早矫正 ③起锯时工作表面划伤，右手起锯时要用左手逼住锯条，找好起锯角度

4. 锯削制件容易出现的偏差及改正方法

锯削制件容易出现的偏差及改正方法见表 2-4。

表 2-4　锯削制件容易出现的偏差及改正方法

序号	锯削时制件出现的误差	改 正 方 法
1	尺寸锯小或锯大	按照划线的线条锯
2	锯缝歪斜过多，超出加工要求范围	当锯缝向左偏时，向前推锯弓要向左倾斜，向下的压力要减小，推回时按原路推回，如锯缝向右偏时则反之
3	起锯时工件表面划伤	找好起锯角

5. 锯削的操作步骤

（1）锯条的安装　锯削前选用合适的锯条，使锯条齿尖朝前，如图 2-7 所示，装入夹头的销钉上。锯条的松紧程度用蝶形螺母调整，调整时不可过紧或过松。过紧，锯条失去了应有的弹性，容易崩断；过松，会使锯条扭曲，锯缝歪斜，锯条也容易折断。

因前、后夹头的方榫与锯弓有一定的间隙，故安装锯条后，还要检查锯条平面与锯弓中心是否平行，不得有歪斜和扭曲，如果有必须矫正后再用。

（2）手锯的握法　右手满握锯弓手柄，大拇指压在食指上，左手控制锯弓方向，大拇指在弓背上，食指、中指、无名指扶在锯弓前端，如图 2-8 所示。

（3）工件的装夹　锯削时，工件的夹持应稳定牢固，工件伸出钳口部分要尽量短些，工件夹在虎钳左侧。锯缝与钳口侧面应保持平行，夹持要牢固。

（4）锯削的基本方法　锯削的基本方法包括锯削时锯弓的运动方式和起锯方法。

1）锯弓的运动方式有两种。一是直线往复运动，此方法适用于锯缝底面要求平直的槽和薄型工件；另一种是摆动式，锯削时锯弓两端可自然上下摆动，这样可减少切削阻力，提高工作效率。

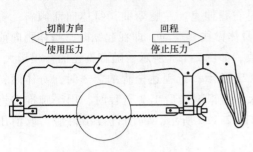

图 2-7 锯条的安装示意图

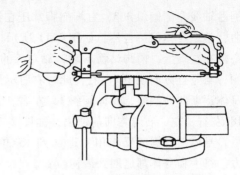

图 2-8 手锯的握法示意图

2）起锯是锯削工作的开始，起锯质量的好坏直接影响锯削质量。

起锯方法有远起锯和近起锯两种，如图 2-9 所示，在实际操作中较多采用远起锯。起锯时压力要小，行程要短，速度要慢。

无论采用哪一种起锯方法，起锯角度 θ 都要小些，一般不大于 15°，如图 2-10a 所示。如果起锯角太大，锯齿易被工件的棱边卡住，如图 2-10b 所示；起锯角 θ 太小，会由于同时与工件接触的齿数多而不易切入材料，锯条还可能打滑，使锯缝发生偏离，工件表面被拉出多道锯痕而影响表面质量，如图 2-10c 所示。起锯时压力要小，为了使起锯平稳，位置准确，可用左手大拇指确定锯条位置，如图 2-10d 所示。

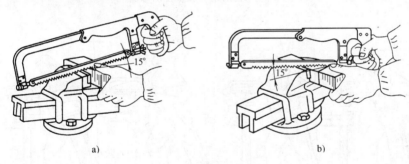

图 2-9 起锯方法示意图

a）远起锯 b）近起锯

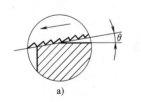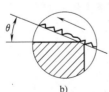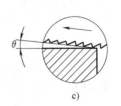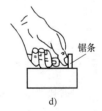

图 2-10 起锯角度示意图及起锯技巧

a）$\theta \leqslant 15°$ b）θ 太大 c）θ 太小 d）起锯技巧

对于有棱角而厚的材料，一般采用远起锯（前起锯）；对于较薄的板和管材，采用近起锯（后起锯）。锯削时，无论采用哪种起锯方法，其起锯角以不大于 15°为宜。

（5）锯削操作 锯削时，夹持工件的台虎钳高度要适合锯削时的用力需要，即从操作者的下颚到钳口的距离以一拳一肘的高度为宜。人站在台虎钳的左斜侧，左脚跨前半步，在锯弓轴线左侧倾斜30°，右脚前脚掌压在锯弓轴线上，倾斜75°。两脚成45°，左膝处略有弯曲，整个身体保持自然，如图2-11所示。锯削时右腿伸直，左腿弯曲，身体向前倾斜，重心落在左脚上，两脚站稳不动，靠左膝的屈伸使身体做往复摆动，即在起锯时，身体稍向前倾，与竖直方向成10°左右，此时右肘尽量向后收，如图2-12a所示；随着推锯的行程增大，身体逐渐向前倾斜，身体倾斜15°左右，如图2-12b所示；行程达全程的2/3时，身体倾斜18°左右，左、右臂均向前伸出，如图2-12c所示；当锯削最后1/3行程时，用手腕推进锯弓，身体随着锯的反作用力退回到15°位置，如图2-12d所示。锯削行程结束后，取消压力，将手和身体都退回到最初位置。

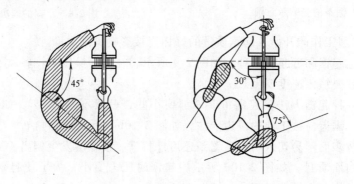

图2-11 锯削站立和步位示意图

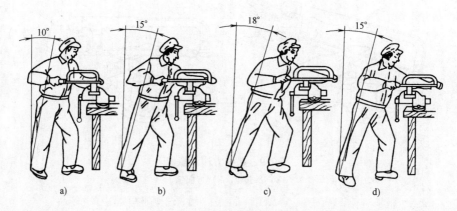

图2-12 锯削操作姿势示意图

三、加工准备

工、量具准备清单见表2-5。

表2-5 工、量具准备清单

序 号	名 称	规 格	数 量	备 注
1	钢直尺	150mm	1	
2	手锯	300mm	1	
3	锯条	300mm	若干	
4	划针		1	
5	锉刀刷		1	
6	毛刷		1	

🕐 任务实施

1. 锤头毛坯加工步骤

1) 将圆棒料夹持在台虎钳上。

2) 用钢直尺在圆棒料外圆表面上间隔110mm划线。

3) 下料，保证长度尺寸为110mm±1mm。

2. 教师点拨

一装：无条不成锯，锯齿均朝前。松紧要适当，锯路成直线。

二夹：夹伸有界线，锯削才不颤。夹得要牢固，避免把形变。

三起：操作、操作，起锯不放过。左手拇指逼，右手前后锯。行程短小慢，角度记心间。边棱卡齿断锯条，远近起锯要选好。

四运：速度慢，压力轻，锯条松紧要适中。推锯直，锯条正，锯路宽度要相等。

👉 任务评价

零件加工结束后，把学生的表现情况和任务检测结果填入表2-6。

表2-6 任务评价表

任务一 下料

考 核 内 容		分值	自评	互评	教师评价
职业素养	1)协作精神	5			
	2)纪律观念	10			
	3)表达能力	5			
	4)工作态度	5			
理论知识点	1)手锯的组成	5			
	2)锯条的规格和选用技巧	10			
操作知识点	1)下料尺寸110mm±1mm	30			
	2)锯削姿势正确	20			
	3)安全文明生产	10			
总 分		100			

评语：

专业和班级		姓名		学号	

指导教师： _____年___月___日

任务总结

我学到的知识点	1) 2) 3) 4)
还需要进一步提高的操作练习(知识点)	1) 2) 3) 4)
存在疑问或不懂的知识点	1) 2) 3) 4)
应注意的问题	1) 2) 3) 4)
其他	1) 2) 3) 4)

任务二　锉　平　面

学习目标

1. 了解游标卡尺和游标高度尺的组成和读数原理。
2. 掌握锉削的基础知识。

技能目标

1. 会用游标卡尺准确测量工件尺寸。
2. 会用游标高度尺和V形铁，对工件划线。
3. 掌握锉削姿势和方法。
4. 掌握平面的锉削技巧，并能达到一定的锉削精度。
5. 根据不同材料正确选用锉刀。
6. 会用刀口形直尺检查锉削平面的平面度。
7. 熟悉有关锉削的废品分析和安全文明生产知识。

任务描述

图2-13所示为锉平面加工的图样，加工后的尺寸为27mm±0.1mm。本次任务是选择合适的加工工具和量具对圆钢进行手工加工，并达到图样要求。在加工过程中将初步接触到立体划线、锉削等钳工基本技能，加工中要注意工、量具的正确使用。

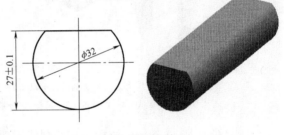

图2-13　锉平面

任务分析

本任务主要是培养学生的职业素养和训练学生初步掌握钳工岗位中的锉削技能，及正确使用游标高度尺对工件立体划线。

知识准备

一、工、量具知识

1. V形铁

V形铁通常是两个一起使用，在划线中用以支承轴件、筒形件或圆盘类工件，如图2-14所示。

2. 游标卡尺

游标卡尺是一种常用量具，它能直接测量工

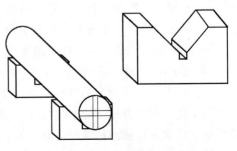

图2-14　V形铁

件的外径、内径、长度、宽度、深度、孔距等。常用的游标卡尺测量范围有 0～150mm、0～200mm 和 0～300mm 等几种。其分度值有 1/10mm（0.1 mm）、1/20mm（0.05 mm）和 1/50mm（0.02 mm）三种，常用的游标卡尺分度值是 1/50mm（0.02 mm）。

（1）结构　游标卡尺由尺身、游标、内量爪、外量爪、深度尺和紧固螺钉组成，如图 2-15 所示。

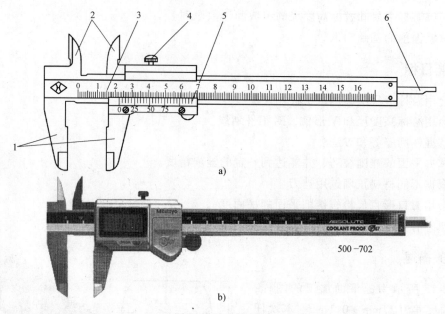

图 2-15　游标卡尺

a）普通游标卡尺　b）数显游标卡尺

1—外量爪　2—内量爪　3—尺身　4—紧固螺钉　5—游标　6—深度尺

（2）刻线原理　1/50mm 游标卡尺的刻线原理是：尺身每 1 格长度为 1mm，游标总长度为 49mm，等分 50 格，游标每格长度为 49/50＝0.98mm，尺身 1 格和游标 1 格长度之差为 1mm－0.98mm＝0.02mm，所以它的分度值为 0.02mm，如图 2-16 所示。

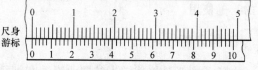

图 2-16　分度值为 0.02mm 游标卡尺刻线原理

（3）使用方法

1）单手持卡尺，右手拇指推拉游标，其他四指握住尺身。

2）测量前，将游标卡尺擦拭干净，量爪贴合后游标的零线应和尺身的零线对齐。

3）测量时，所用的测力应使两爪刚好接触零件表面为好。

4）测量时还要注意两卡爪不要歪斜。

5）在游标上读数时，应注意避免卡尺倾斜，造成读数误差。

（4）游标卡尺的读数方法　用游标卡尺测量工件时，读数分以下 3 步：

第 1 步，读出尺身上的整数尺寸，即游标零线左侧，尺身上的毫米整数值。

第 2 步，读出游标上的小数尺寸，即找出游标上哪一条刻线与尺身上刻线对齐，该游标刻线的次序数乘以该游标卡尺的分度值，可得到毫米内的小数值。

第 3 步，把尺身和游标卡尺上的两个数值相加（整数部分和小数部分相加），就是测得的实际尺寸。

图 2-17 所示是分度值为 0.02mm 游标卡尺读数举例。

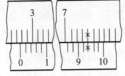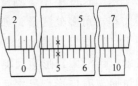

27mm+0.94mm=27.94mm   21mm+0.50mm=21.50mm

图 2-17 分度值为 0.02 mm 游标卡尺读数举例

3. 游标高度尺

根据读数形式的不同，游标高度尺可分为普通游标高度尺和电子数显式游标高度尺两大类，如图 2-18 所示。游标高度尺的规格常用的有 0 ~ 200mm、0 ~ 250mm、0 ~ 300mm、0 ~ 500mm、0 ~ 1000mm、0 ~ 1500mm 和 0 ~ 2000mm，分度值一般为 0.02mm、0.05mm 和 0.10mm。根据使用的情况不同，游标高度尺还可分为单柱式游标高度尺与双柱式游标高度尺。其中，双柱式游标高度尺主要应用于较精密或测量范围较大的场合，0 ~ 300mm，0 ~ 500mm 的游标高度尺常见的为单柱式。

游标高度尺用于测量零件的高度和精密划线。它的结构特点是用质量较大的基座代替固定量爪，动尺框则通过横臂装有测量高度和划线用的量爪，量爪的测量面上镶有硬质合金，以提高量爪的使用寿命。游标高度尺的测量工作应在平台上进行。当量爪的测量面与基座

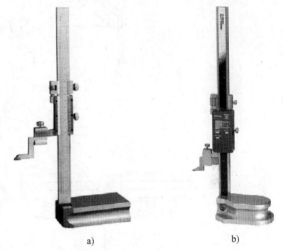

a)   b)

图 2-18 游标高度尺
a）普通游标高度尺 b）电子数显式游标高度尺

的底平面位于同一平面时，如在同一平台平面上，尺身与游标的零线相互对齐。因此在测量高度时，量爪测量面的高度，就是被测量零件的高度尺寸，它的具体数值与游标卡尺一样，可在尺身（整数部分）和游标（小数部分）上读出。应用游标高度尺划线时，调好划线高度，用紧固螺钉把尺框锁紧后，也应在平台上先调整再划线。

1）测量前应擦净工件测量表面和游标高度尺的尺身、游标、测量爪；检查测量爪是否磨损。

2）使用前应调整量爪的测量面与基座的底平面位于同一平面，检查尺身、游标零线是否对齐。

3）测量工件高度时，应使量爪轻微摆动，在其摆动到最大部位处时读取数值。

4）读数时，应使视线正对刻线；用力要均匀，测力为 3 ~ 5N，以保证测量的准确性。

5）使用中应注意清洁游标高度尺测量爪的测量面。

6）不能用游标高度尺测量锻件、铸件表面及运动工件的表面，以免损坏卡尺。

7）长时间不使用的游标高度尺，应擦净涂油并放入盒中保存。

4. 刀口形直尺

刀口形直尺是测量面呈刃口状，用于测量工件平面形状误差的测量器具，如图 2-19 所示。刀口形直尺采用合金工具钢、轴承钢等材料制造。

图 2-19 刀口形直尺

　　采用长度不小于测量面长度 L 的刀口形直尺，以光隙法进行平面度测量时，要沿纵向、横向和对角多处测量，如图 2-20 所示。测量时，用两等高点支撑刀口形直尺，支撑点应在距刀口形直尺两端的 2/9 长度处，灯光箱置于刀口形直尺后方。然后将测量面与刀口形直尺接触，再沿刀口形直尺测量面的圆弧自测面垂直于测量面的位置向两侧转动约 22.5°，观察测量面与刀口形直尺之间的透光间隙，并与标准光隙相比较，从而可确定透光间隙值。

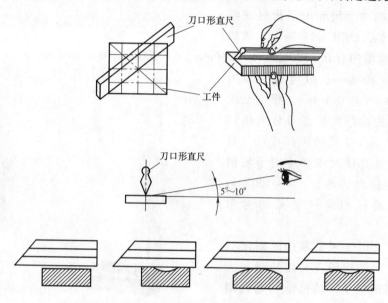

图 2-20　用刀口形直尺测量平面度

　　标准光隙由量块和平晶等组成。对于直线度公差为 $0.5\mu m$ 的刀口形直尺，标准光隙采用 0 级量块，直线度公差大于 $0.5\mu m$、小于或等于 $1.0\mu m$ 的刀口形直尺，标准光隙采用 1 级量块，直线度公差大于 $1.0\mu m$ 的刀口形直尺，标准光隙采用 2 级量块。

5. 锉刀

　　锉削的主要工具是锉刀。锉刀用高碳工具钢 T12、T12A、T13A 等制成，经热处理淬硬，硬度可达 62HRC 以上。目前使用的锉刀规格已标准化。

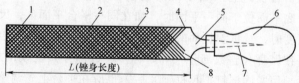

图 2-21　锉刀的构造
1—锉齿　2—锉刀面　3—锉刀边　4—底齿　5—锉刀尾
6—锉刀柄　7—锉刀舌　8—面齿

　　（1）锉刀的构造　锉刀主要由锉齿、锉刀面、锉刀尾、锉刀柄等组成，如图 2-21 所示。

　　（2）锉齿和锉纹　锉刀有无数个锉齿，锉削时每个锉齿都相当于一把錾子，对材料进行切削。

　　锉纹是锉齿有规则排列的图案。锉刀的齿纹有单齿纹和双齿纹两种，如图 2-22 所示。

　　单齿纹指锉刀上只有一个方

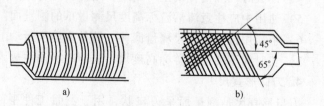

图 2-22　锉刀的齿纹
a）单齿纹　b）双齿纹

向的齿纹，锉削时全齿宽同时参加切削，切削力大，因此常用来锉削软材料，如图2-22a所示。

双齿纹指锉刀上有两个方向排列的齿纹，如图2-22b所示，齿纹浅的叫底齿纹，齿纹深的称为面齿纹。底齿纹和面齿纹的方向和角度不一样，锉削时能使每一个齿的锉痕交错而不重叠，使锉削表面粗糙度值小。

采用双齿纹锉刀锉削时，锉屑是碎断的，切削力小，再加上锉齿强度高，所以适用于硬材料的锉削。

（3）锉刀的种类、形状和用途（表2-7）

表2-7　锉刀的种类、形状和用途

名称	锉刀的种类和断面形状		用途
钳工锉	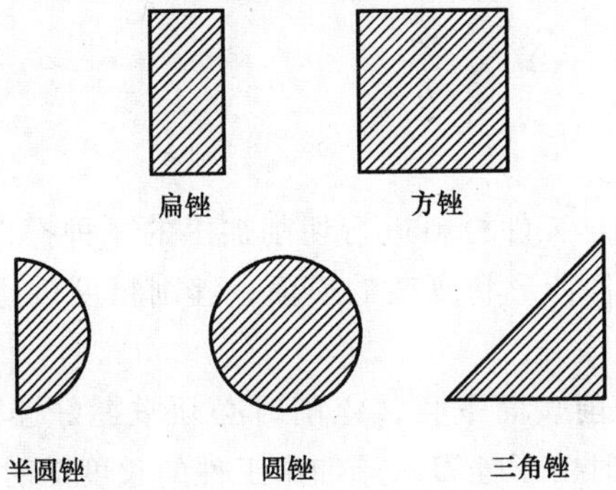 扁锉　　　方锉	半圆锉　　圆锉　　三角锉	用于加工金属零件的各种表面，加工范围广
异形锉			主要用于锉削工件上特殊的表面（模具修理使用较多）
整形锉			主要用于机械、模具、电器和仪表等零件的整形加工，通常一套分5把、6把、9把或12把等

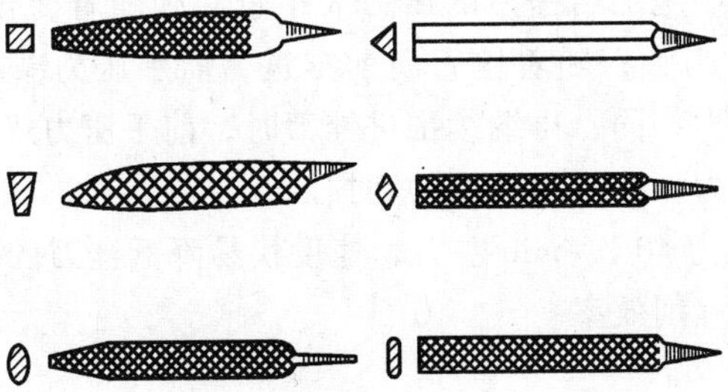

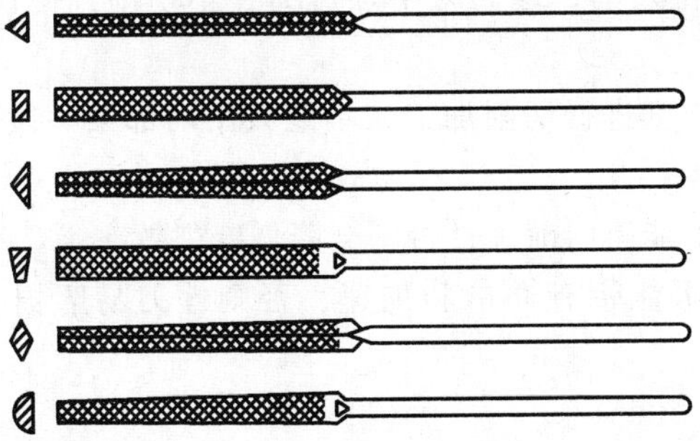

（4）锉刀的规格　锉刀的规格分尺寸规格和齿纹粗细规格两种。方锉刀的尺寸规格以方形尺寸表示，圆锉刀的规格用直径表示，其他锉刀则以锉身长度表示。钳工常用的锉刀，锉身长度有100mm、125mm、150mm、200mm、250mm、300mm、350mm、400mm等多种。

齿纹粗细规格以锉刀每10mm轴向长度内主锉纹的条数表示。主锉纹指锉刀上起主切削作用的齿纹；而另一个方向上起分屑作用的齿纹，称为辅齿纹。

锉刀齿纹规格及适用场合见表 2-8。

表 2-8　锉刀齿纹规格及适用场合

锉刀齿纹规格	适　用　场　合		
	锉削余量/mm	尺寸精度/mm	表面粗糙度/μm
1 号（粗齿锉刀）	0.5 ~ 1	0.2 ~ 0.5	$Ra25 \sim Ra100$
2 号（中齿锉刀）	0.2 ~ 0.5	0.05 ~ 0.2	$Ra6.3 \sim Ra25$
3 号（细齿锉刀）	0.1 ~ 0.3	0.02 ~ 0.05	$Ra3.2 \sim Ra12.5$
4 号（双细齿锉刀）	0.1 ~ 0.2	0.01 ~ 0.02	$Ra1.6 \sim Ra6.3$
5 号（油光锉刀）	0.1 以下	0.01 以下	$Ra0.8 \sim Ra1.6$

二、相关知识

1. 锉削基础知识

（1）锉削概念　锉削是利用锉刀对工件材料进行切削加工的一种操作。它的应用很广，可锉削工件的外表面、内孔、沟槽和各种形状复杂的表面，锉削精度可达 0.01mm，表面粗糙度可达 $Ra0.8\mu m$。

（2）锉削力的运用　为了保证锉削表面平直，锉削时必须掌握好锉削力的平衡。锉削力有水平推力和垂直压力两种。锉削时由于锉刀两端伸出工件的长度随时都在变化，要保证锉刀前后两端的力矩相等，因此两手施加给锉刀的压力大小也必须随着变化。开始锉削时，前手压力要大，后手压力要小而推力大；随着锉刀向前推进，前手压力减小，后手压力增大。当锉刀推进至中间时，两手压力相同；再继续推进锉刀时，前手压力逐渐减小，后手压力逐渐增加。锉刀回程时，不加压力，以减少锉纹的磨损。

（3）锉削速度　锉削速度一般为 40 次/min 左右，速度快易降低锉刀的使用寿命，同时操作者也易疲劳，速度太慢则影响锉削效率。

（4）锉削注意事项

1）锉刀只在推进时加压力进行切削，返回时不加压力，不切削，使锉刀空返回即可，否则易造成锉刀过早磨损。

2）锉削时要利用锉刀的有效长度进行切削加工，不能只用局部某一段，否则局部磨损严重，锉刀寿命降低。

3）锉削时锉刀要直线运行，不能斜向前进，否则会降低锉削效率。

4）锉削时向前推进要平稳，不能带有冲击和加速，否则锉刀易磨损，工件表面不易锉平。

2. 锉刀的选用与锉削方法

（1）锉刀的选用

1）根据加工余量选择。若加工余量大则选用粗齿且尺寸规格较大的锉刀；反之则选用细齿且尺寸规格小的锉刀。

2）根据加工精度和表面粗糙度选择。若工件的精度要求高，表面粗糙度值要求小，选用细齿锉刀和油光锉刀；反之则选用粗齿锉刀。

每种锉刀都有其主要的用途，应根据工件表面形状和尺寸大小来选用，具体选择见表2-9。

表 2-9　锉刀的选用

类　别	图　示	用　途
扁锉	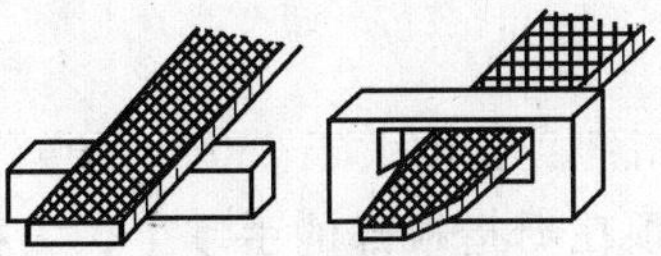	锉平面、外圆、凸弧面
半圆锉	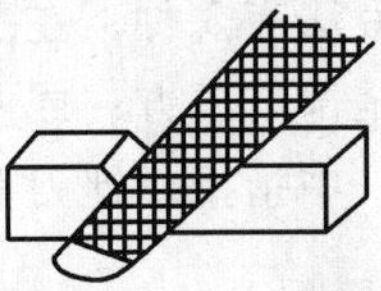	锉凹弧面、平面
三角锉	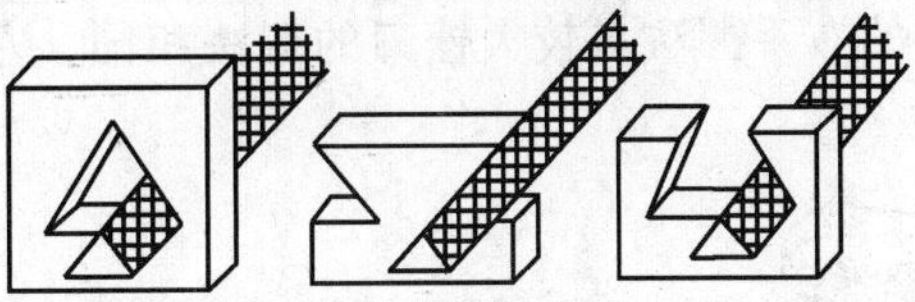	锉内角、三角孔、平面
方锉		锉方孔、长方孔
圆锉	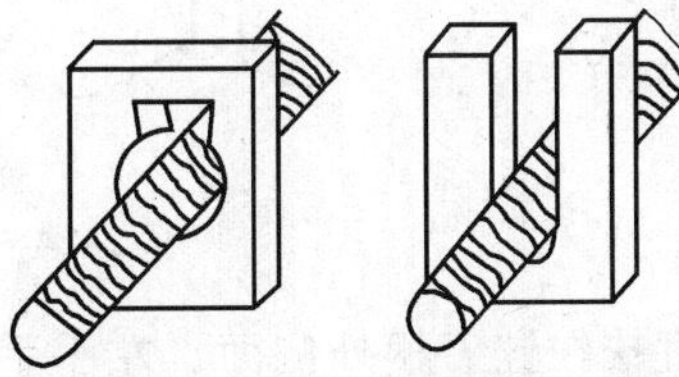	锉圆孔、半径较小的凹弧面、内椭圆面
菱形锉	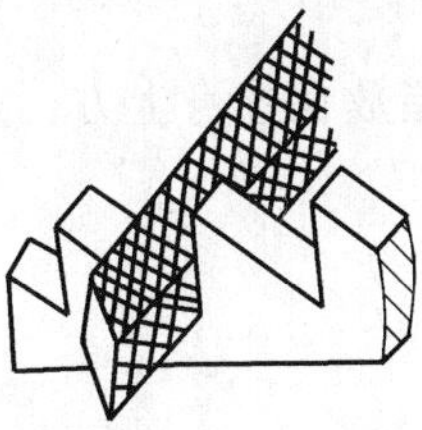	锉菱形孔、锐角槽
刀形锉	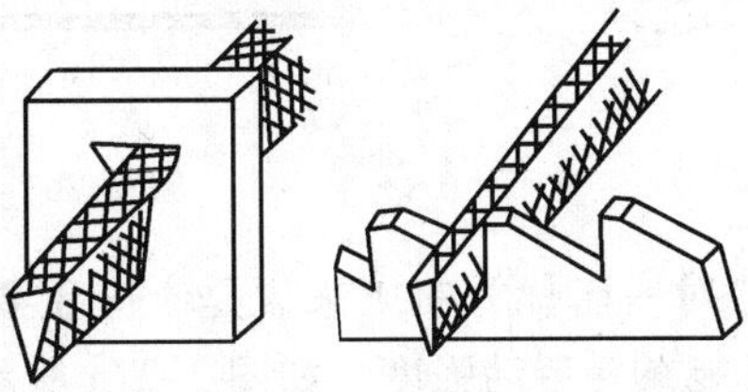	锉内角、窄槽、楔形槽，锉方孔、三角孔、长方孔的平面

（2）工件的夹持

1）工件尽量夹持在台虎钳钳口宽度方向中间。

2）装夹要稳固，用力要适当，以防工件变形。

3）锉削面靠近钳口，以防锉削时产生振动。

4）对形状不规则的工件、已加工表面或精密工件，夹持时要加适宜的衬垫（铜皮或铝皮），然后再夹紧。

（3）锉刀的握法

1）较大锉刀。较大锉刀一般指锉身长度大于250mm的锉刀。较大锉刀的握法如图2-23所示，右手握着锉刀柄，将柄外端顶在拇指根部的手掌上，大拇指放在锉刀柄上，其余手指由下而上握住锉刀柄。左手在锉刀上的握法有3种，左手掌斜放在锉梢上方，拇指根部肌肉轻压在锉刀刀头上，中指和无名指抵住梢部右下方；或左手掌斜放在锉梢部，大拇指自然伸出，其余各指自然蜷曲，小指、无名指、中指抵住锉刀前下方；或左手掌斜放在锉梢上，各指自然平放。

2）中型锉刀。中型锉刀的右手握法与较大锉刀的握法相同，左手的大拇指和食指轻轻扶持锉刀，如图2-24所示。

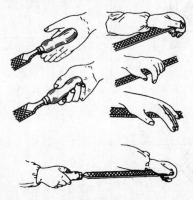

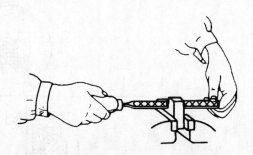

图2-23　较大锉刀握法示意图　　　　图2-24　中型锉刀握法示意图

3）小型锉刀。右手的食指平直扶在锉刀柄外侧面，左手手指压在锉刀的中部，以防锉刀弯曲，如图2-25所示。

4）整形锉。单手握持锉刀柄，食指放在锉身上方，如图2-26所示。

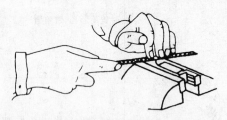

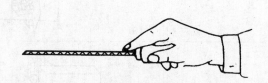

图2-25　小型锉刀握法示意图　　　　图2-26　整形锉刀握法示意图

（4）锉削的姿势　锉削姿势对一名优秀钳工来说是十分重要的，只有姿势正确，才能做到既提高锉削质量和效率，又能减轻劳动强度。如图2-27a所示，锉削时，两脚互成一定的角度（左脚在锉刀轴线左侧倾斜30°，右脚前脚掌压在锉刀轴线上并倾斜75°。两脚成45°），左脚跨前半步，右脚稍微向后，两脚间距为250~300mm。锉削时左膝自然弯曲，右膝伸直，右脚与腰成一条直线。身体前倾，身体的重心落在左脚上，两脚始终站稳，不可移

动,靠左膝的屈伸做往复运动。头要正,眼注视锉
削面,两肩自然放松,右小臂与锉刀平行成一直
线,两手将锉刀端平,如图 2-27b 所示。锉刀放在
工件上,右臂弯曲,小臂与锉刀成 90°。开始锉削
时,身体向前倾斜 10°左右,右肘尽可能缩到后
方,如图 2-28a 所示;当锉刀推出 1/3 行程时,身
体前倾 15°左右,使左膝稍弯曲,如图 2-28b 所示;
锉刀推出 2/3 行程时,身体前倾 18°左右,左、右
臂均向前伸出,如图 2-28c 所示;锉刀推出全程
时,身体随着锉刀的反作用力退回到 15°的位置,
如图 2-28d 所示;行程结束后,把锉刀略提起,使
手和身体回到最初位置。

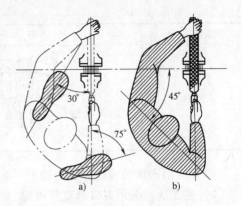

图 2-27　锉削时的站立步位和姿势示意图
a)站立步位　b)姿势

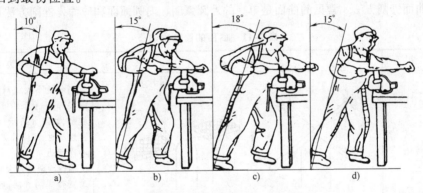

图 2-28　锉削动作示意图

（5）平面锉削方法　平面的锉削方法有顺向锉、交叉锉和推锉 3 种,见表 2-10。

表 2-10　平面的锉削方法

锉削方法	图　示	操作方法
顺向锉		锉刀运动方向与工件夹持方向始终一致。在锉宽平面时,每次退回锉刀时应在横向作适当的移动。顺向锉法的锉纹整齐一致,比较美观,不大的平面和最后锉光都用这种方法,是最基本和常用的方法
交叉锉		锉刀运动方向与工件夹持方向成30°~40°,且锉纹交叉。由于锉刀与工件的接触面大,锉刀容易掌握平稳,同时从刀痕上可以判断出锉削面的高低情况,表面容易锉平,一般适于粗锉,效率高。精锉时,为了使刀痕变得正直,平面锉削完成前应改用顺向锉法

（续）

锉削方法	图　　示	操作方法
推锉		用两手对称横握锉刀,用大拇指推动锉刀顺着工件长度方向进行锉削,此法一般用于锉削狭长平面,效率低

（6）锉削平面的检验方法　锉削平面的检验方法有如下两种：

1）透光法。采用刀口形直尺检验,把刀口形直尺的刀刃放在被检验的工件平面上,对着光线观察透过的光线,从而判断缝隙大小。

2）研磨法。把工件放到平板上研磨,观察工件的接触面,凸的地方会发亮。

（7）曲面锉削方法　常见的曲面是单一的外圆弧面、内圆弧面和球面,锉削方法见表2-11。

表 2-11　曲面的锉削方法

锉削方法	图　　示	操作方法
外圆弧面锉法	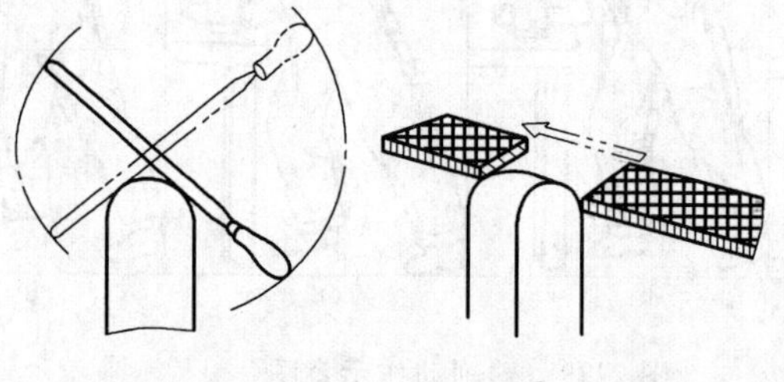 a)　　　　b)	当余量不大或对外圆弧面作修整时,一般采用锉刀顺着圆弧锉削,如图 a 所示,在锉刀作前进运动时,还应绕工件圆弧的中心作摆动 当锉削余量较大时,可采用横着圆弧锉的方法,如图 b 所示,按圆弧要求锉成多棱形,然后再顺着圆弧锉削,精锉成圆弧
内圆弧面锉法	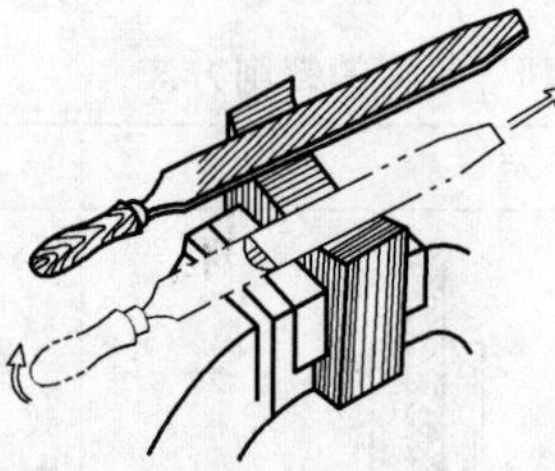	锉刀要同时完成 3 个运动:前进运动、向左或向右的移动和绕锉刀中心线转动(按顺时针或逆时针方向转动约 90°)。3 种运动须同时进行,才能锉好内圆弧面,如不同时完成上述 3 种运动,就不能锉出合格的内圆弧面
球面锉法	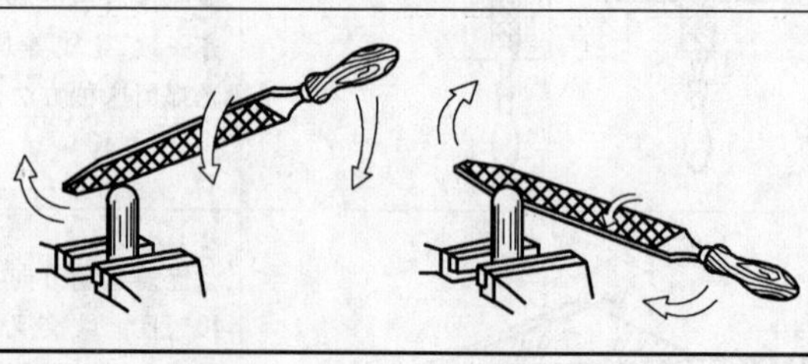	推锉时,锉刀沿球面中心线摆动,同时又作弧形运动

（8）锉削时的安全注意事项

1）不能使用无柄或柄已经断裂的锉刀进行锉削。

2）不能用嘴吹切屑,防止切屑飞进眼睛。

3）锉削过程中不能用手扶、摸锉面,以防打滑。

4）锉刀面粘切屑堵塞后，要及时用钢刷顺着齿纹方向刷去切屑。

5）锉刀放置时，不应伸出钳台以外，更不能放在台虎钳上，以免碰落伤脚或摔断锉刀。

6）锉刀表面不能黏附油脂，以免锉削时打滑。

7）锉刀柄松动时，应及时镦紧。

三、加工准备

工、量具准备清单见表2-12。

表2-12　工、量具准备清单

序　号	名　称	规　格	数　量	备　注
1	游标高度尺	0～250mm，0.02mm	1	
2	游标卡尺	0～150mm，0.02mm	1	
3	刀口形直尺	125mm	1	
4	V形铁	90°	1	
5	锉刀	粗、中、细齿平锉，200mm	各1	
6	手锯	300mm	1	
7	锯条	300mm	若干	
8	锉刀刷		1	
9	毛刷		1	

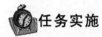**任务实施**

1. 锉平面加工步骤

1）毛坯放置在V形铁上，用游标高度尺划第一加工面的加工线，如图2-29所示，具体计算方法如下。

根据图2-29所示，由数学知识可得

$$h = H - x$$

$$x = \frac{D}{2} - \frac{L}{2}$$

由于 $D = 32\mathrm{mm}$，$L = 22\mathrm{mm}$（图2-1），故

$$h = H - \left(\frac{D}{2} - \frac{L}{2}\right) = H - \left(\frac{32}{2} - \frac{22}{2}\right) = H - 5\mathrm{mm}$$

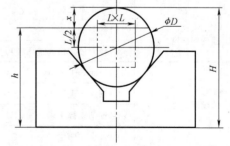

图2-29　V形铁上划线高度的计算

式中　h——划线高度（mm）；

　　　D——毛坯直径（mm）；

　　　H——游标卡尺测得工件最高点的高度值（mm）。

2）将圆棒料水平夹持在台虎钳上，工件露出部分至钳口上表面高度至少7mm。

3）锉削平面，保证尺寸27mm±0.1mm。

2. 教师点拨

左脚倾斜三十度，右手压中七十五。

两手握锉放件上，左臂小弯横向平。

右臂纵向保平行，左手压来右手推。

上身倾斜紧跟随，右腿伸直身前倾。

重心在左膝弯曲，锉行四三体前停。

两臂继续送到头，动作协调节奏准。

左腿伸直借反力，体心后移复原位。

顺势收锉体前倾，接着再作下一回。

☞任务评价

零件加工结束后，把学生表现情况和任务检测结果填入表2-13。

表2-13 任务评价表

任务二 锉平面

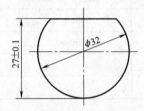

考 核 内 容		分值	自评	互评	教师评价
职业素养	1）协作精神	5			
	2）纪律观念	10			
	3）表达能力	5			
	4）工作态度	5			
理论知识点	1）锉刀的组成	5			
	2）锉刀的规格和选用技巧	10			
操作知识点	1）27mm ± 0.1mm	30			
	2）划线正确	10			
	3）锉削姿势正确	10			
	4）安全文明生产	10			
总 分		100			

评语：

专业和班级		姓名		学号	

指导教师： _____年___月___日

任务总结

我学到的知识点	1) 2) 3) 4)
还需要进一步提高的操作练习（知识点）	1) 2) 3) 4)
存在疑问或不懂的知识点	1) 2) 3) 4)
应注意的问题	1) 2) 3) 4)
其他	1) 2) 3) 4)

任务三　锯、锉长方体

学习目标

1. 了解千分尺的组成和读数原理。
2. 掌握平面锉削的方法。

技能目标

1. 能正确使用划线工具，并掌握一般的划线方法。
2. 掌握平面锉削的姿势和动作要领。
3. 初步掌握平面锉削技能。
4. 能正确使用游标卡尺、千分尺和刀口形直角尺等相关量具。
5. 进一步提高锯削技能水平，并能达到一定的锯削精度。
6. 会用刀口形直角尺检查锉削平面的形状精度。
7. 熟悉有关锉削的废品分析和安全文明生产知识。

任务描述

图 2-30 所示为长方体加工的图样，加工后的尺寸为 22mm ± 0.1mm，长度为 102mm ± 0.1mm。本次任务是选择合适的加工工具和量具对圆钢进行手工加工，并达到图样要求。在加工过程中将初步接触到立体划线、锉削等钳工基本技能，加工中要注意工、量具的正确使用。

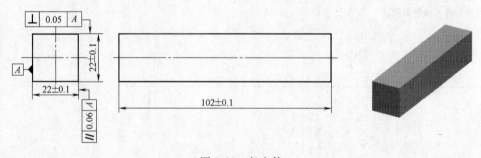

图 2-30　长方体

任务分析

本任务主要是培养学生的职业素养和训练学生进一步掌握钳工岗位中的锉削技能，正确使用游标高度尺对工件进行立体划线，正确使用刀口形直角尺检测长方体的垂直度。

知识准备

一、工、量具知识

1. 直角尺（90°角尺）

直角尺是专门用来测量直角和垂直度的角度量具，如图 2-31 所示。

测量时，先使一个尺边紧贴被测工件的基准面，根据另一尺边的透光情况来判断垂直度或 90°的角度误差。要注意直角尺不能歪斜，如图 2-32 所示，否则会影响测量效果。

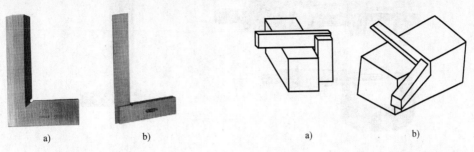

图 2-31 直角尺   图 2-32 直角尺测量工件示意图
a) 刀口形直角尺 b) 宽座直角尺   a) 正确 b) 不正确

2. 千分尺

千分尺是测量中最常用的精密量具之一，按其用途不同可分为外径千分尺（图 2-33）、内径千分尺（图 2-34a）、深度千分尺（图 2-34b）、螺纹千分尺（测量螺纹中径，如图 2-34c 所示）、尖头千分尺（测量小沟槽，如图 2-34d 所示）和公法线千分尺（测量齿轮公法线长度，如图 2-34e 所示）等。千分尺的分度值为 0.01mm，其规格按测量范围分为 0~25mm、25~50mm、50~75mm、75~100mm、100~125mm 等，使用时根据被测工件的尺寸选用。

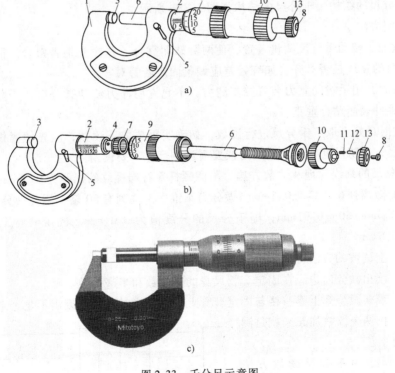

图 2-33 千分尺示意图
a) 外形 b) 结构 c) 实物
1—尺架 2—固定套管 3—测砧 4—轴套 5—锁紧装置 6—测微螺杆 7—衬套
8—螺钉 9—微分筒 10—罩壳 11—弹簧 12—棘爪销 13—棘爪盘

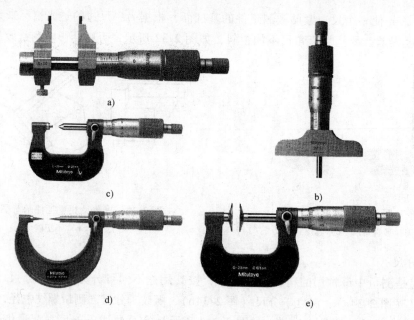

图 2-34　常见千分尺

a）内径千分尺　b）深度千分尺　c）螺纹千分尺　d）尖头千分尺　e）公法线千分尺

千分尺的制造等级分为 0 级和 1 级两种，其中 0 级精度最高，1 级稍差。

（1）千分尺的结构　千分尺的结构如图 2-33b 所示。

（2）使用方法

1）测量前，转动千分尺测量装置，使两测砧面靠合，并检查是否密合。同时观察微分筒与固定套筒的零线是否对齐，如有偏差应调整固定套管对零。

2）测量时，用手拨动测力装置控制测力，不允许用冲力转动微分筒，千分尺测微螺杆的轴线应与零件表面贴合垂直。

3）读数时最好不取下千分尺进行读数，如确实需要取下读数，应先锁紧螺杆，然后轻轻取下千分尺，以防尺寸变动。读数时候要看清刻度，不要读错。

（3）千分尺的刻线原理及读数方法　测微螺杆 6 右端螺纹的螺距为 0.5mm，当微分筒 9 转一周时，测微螺杆 6 就移动 0.5mm。微分筒圆锥面上共刻有 50 格，因此微分筒每转一格，螺杆就移动 0.5mm/50＝0.01mm，即千分尺的分度值为 0.01mm。固定套管上刻有尺身刻线，每格为 0.5mm。

在千分尺上读数的方法可分如下三步：

第 1 步，读出微分筒边缘在固定套管尺身的毫米数和半毫米数。

第 2 步，观察微分筒上哪一格与固定套管上的基准线对齐，并读出不足半毫米的数。

第 3 步，把两个读数加起来就是测得的实际尺寸。

图 2-35 所示为千分尺读数方法举例。

3. 划线工具

在钳工实训操作中，加工工件的第

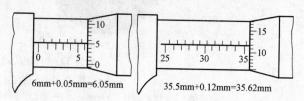

6mm+0.05mm=6.05mm　　35.5mm+0.12mm=35.62mm

图 2-35　千分尺读数方法举例

一步通常是划线，划线精度是保障工件加工精度的前提，如果划线误差太大，会造成工件的报废。因此，划线必须按照零件图样的要求，在零件的表面上准确地划出加工界限。划线时不但要划出清晰均匀的线条，还要保证尺寸正确，一般精度要求控制在 0.1～0.25mm。

划线作业按复杂程度的不同可分为平面划线和立体划线两种类型。平面划线是在毛坯或工件的一个表面上划线，如图 2-36a 所示。立体划线是在毛坯或工件两个以上的平面上划线，如图 2-36b 所示。

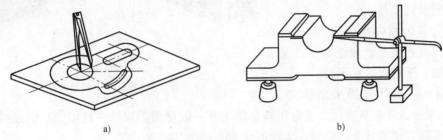

a)　　　　　　　　　　　　　b)

图 2-36　平面和立体划线

a）平面划线　b）立体划线

划线工具按用途分为以下四种。

基准工具：划线的基准工具，包括划线平板（平台）、直尺、方箱、直角板（弯板）及各种角尺等。

量具：用来测量工件尺寸或角度的工具。尺寸量具有钢直尺、游标卡尺等，角度量具有游标万能角度尺和直角尺等。

绘划工具：用来在工件上划线的工具，包括划针、划针盘、划线高度尺、划规、锤子及样冲等。

夹持工具：用来夹持划线工件的工具，包括垫铁、V 形块、C 形铁、C 形夹头、千斤顶、夹钳及装有夹具的方箱等。

1）划线平台。常用的划线平台如图 2-37 所示。划线平台可根据需要做成不同的尺寸，然后将工件和划线工具放在平台上进行划线。

由于划线平台的上平面和侧面往往作为划线时的基准面，所以对上平面和侧面的平面度和直线度要求很高，一般这两个平面都经过刨削和刮削。为了防止和减少变形，划线平台一般用铸铁制造。

图 2-37a 所示 I 型划线平台适于一般尺寸工件划线，对于较大尺寸工件的划线，可使用图 2-37b 所示的 II 型划线平台。将划线平台的位置放正后，操作者即能在平台四周的任何位置进行划线。

a)　　　　　　　　　　　　　b)

图 2-37　划线平台

a）I 型划线平台　b）II 型划线平台

2）划线方箱。划线方箱的形状
多呈空心立方体，如图 2-38 所示。
其中，图 2-38a 所示为长形普通方
箱；图 2-38b 所示为带夹持装置方
箱，在划线方箱上面配有立柱和螺
杆，结合纵横两条 V 形槽用于夹持轴
类或其他形状的工件。

划线方箱的相邻平面相互垂直，
相对平面又互相平行，便于在工件上
划出垂直线、平行线、水平线。

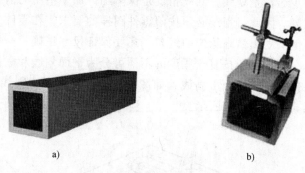

图 2-38　划线方箱
a）长形普通方箱　b）带夹持装置方箱

3）划针。划针是用来划线的，
如图 2-39 所示，常与钢直尺、直角尺等导向工具一起使用。划针一般用工具钢或弹簧钢丝
制成，还可焊接硬质合金后磨锐，尖端磨成 15°～20°并淬火。

划线时，应使划针尖端贴紧导向工具再移动，上端向外侧倾斜 15°～20°，向划线方向
倾斜 45°～75°，如图 2-40 所示。划线时要做到一次划成，不要重复。

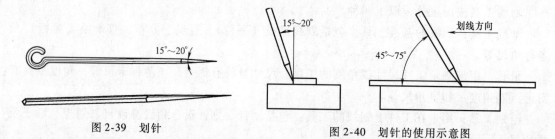

图 2-39　划针　　　　　　　　　　　图 2-40　划针的使用示意图

4）划规。划规的作用是划圆和圆弧、等分线段、等分角度及量取尺寸等。钳工用的划
规有普通划规、弹簧划规和长划规等。划规的脚尖必须坚硬，使用时才能在工件表面划出清
晰的线条。

普通划规的结构简单，如图 2-41a 所示。

弹簧划规如图 2-41b 所示，使用时通过旋转调节螺母来调节尺寸，适用在光滑面上划线。

长划规也称滑杆划规，如图 2-41c 所示，用来划大尺寸的圆。使用时，通过在滑杆上滑
动划规脚可以得到所需要的尺寸。

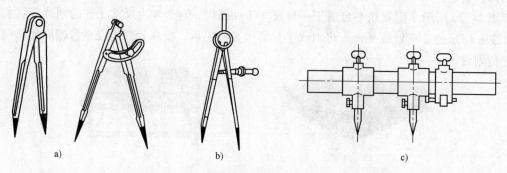

图 2-41　划规
a）普通划规　b）弹簧划规　c）长划规

5）划针盘。划针盘一般用于立体划线和找正工件位置，由底座、立柱、划针和夹紧螺母等组成，如图2-42所示，划针的直头端用来划线，弯头端用来找正工件的位置。使用完后，应将划针的直头端向下，使其处于垂直状态。划针盘可划线找正工件，如图2-43所示。

 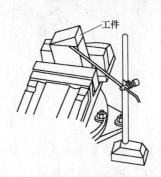

图 2-42　划针盘　　　　　　　图 2-43　用划针盘划线找正示意图

6）90°角铁。90°角铁如图2-44所示。实际操作中，可将工件夹在角铁的垂直面上进行划线，工件的装夹可用C形夹头或将夹头与压板配合使用。通过直角尺对工件的垂直度进行找正，再用划针盘划线，可使划线条与原来找正的直线或平面保持垂直，如图2-45所示。

  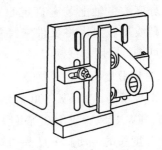

图 2-44　90°角铁　　　　　　　图 2-45　在90°角铁上使用压板夹持工件

7）样冲。工件划线后，在搬运、装夹等过程中线条可能被磨掉，为保持划线标记，通常用样冲在已划好的线上打上小而均布的样冲眼。样冲由工具钢制成，在工厂也可用旧的丝锥、铰刀等改制而成。其尖端和锤击端经淬火硬化，并且尖端一般磨成45°～60°，如图2-46a所示。划线用样冲的尖端可磨锐些，而钻孔用样冲可磨得钝一些。

使用样冲的方法和注意事项如下：

①打样冲眼时，将样冲斜着放在划线上，锤击前再竖直，以保证样冲眼的位置准确，如图2-46b所示。

②样冲眼应打在线宽的正中间，且间距要均匀，如图2-46c所示。样冲眼间距由线的长短及曲直来决定。在短线上间距应小些，而在长的直线上间距可大些。在直线上样冲眼间距可大些，在曲线上样冲眼间距应小些。在划线相交处，间距也应小些。

另外，在曲面凸出的部分必须打样冲眼，因为此处更易磨损。在用划规划圆弧的地方，要在圆心上打样冲眼，作为划规脚尖的立脚点，以防划规滑动。

③打样冲眼的深浅要适当。薄工件的样冲眼要浅，以防变形；软材料不需打样冲眼；较光滑表面的样冲眼要浅或不打样冲眼；孔的中心处样冲眼要深些，以便钻孔时钻头对准中心。

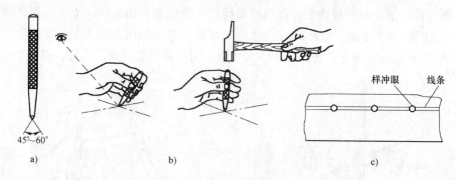

图 2-46　样冲及使用示意图

8）垫铁。垫铁是用来支承、垫平和抬高毛坯工件的工具，常用的有平垫铁和斜垫铁两种，如图 2-47 所示。斜垫铁可对工件的高低作少量调节。

9）分度头。分度头是铣床用来等分圆周的附件，钳工在划线时也常用分度头对工件进行分度和划线。用分度头可在轴类零件端面上划十字线、角度线，也可沿工件上的圆周很精确地分成所需要的等份。

在分度头主轴上装有自定心卡盘，划线时，把分度头放在划线平板上，将工件夹持住，配合划针盘或高度尺，即可进行分度划线。

图 2-47　垫铁
a）平垫铁　b）斜垫铁

① 常用分度头的主要规格。分度头的主要规格是以顶尖（主轴）中心线到底面的高度（mm）来表示的，如 FW 100 表示顶尖中心到底面的高度为 100mm。常用的万能分度头有 FW 100、FW 125、FW 160 等几种。

② 分度头的传动。分度头的外形及其传动系统如图 2-48 所示。蜗轮 2 是 40 齿，蜗杆 3 是单头蜗杆，工件装夹在装有蜗轮的主轴 I 上，拔出插销 9，转动手柄 8 绕心轴 4 转一周时，通过直齿圆柱齿轮 B1、B2 即带动蜗杆 3 旋转一周，蜗轮 2 转动 1/40 周，即工件转 1/40 转。分度盘 6 和锥齿轮 A2 相连并以滑动配合的结构形式套在心轴 4 上。分度盘上有几圈不同数目的小孔，利用这些小孔，根据计算方法算出工件在每分完一个度数后，手柄 8 需要转过的转数和孔数。分度头的分度作用就是根据这个原理来实现的。

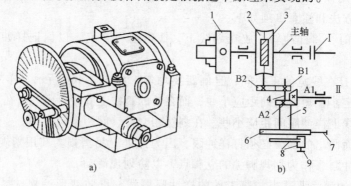

图 2-48　分度头的外形及其传动系统
a）分度头外形图　b）传动系统

1—自定心卡盘　2—蜗轮　3—蜗杆　4—心轴　5—套筒　6—分度盘　7—锁紧螺钉　8—手柄　9—插销

③ 简单分度法。利用上述原理，分度盘固定不动，利用分度头心轴 4 上的手柄 8 转动，经过蜗杆传动进行分度。

计算公式为

$$n = \frac{40}{z} \tag{2-1}$$

式中　n——手柄回转圈数；

　　　z——工件的等分数。

例 1　有一法兰盘圆周上需划 8 个孔，试求出每划完一个孔的位置后，手柄的回转数。

解：已知 $z = 8$，代入式（2-1）

$$n = \frac{40}{z}$$

得

$$n = 5$$

即每划完一个孔的位置后，手柄应转 5 圈，再划另一个孔的位置。

有时，由工件等分数计算出来的手柄转数不是整转数。例如要把一个圆周等分成 12 等份，手柄转过的转数 $n = \frac{40}{12} = 3\frac{4}{12} = 3\frac{1}{3}$。这时就要利用分度盘，根据分度盘各孔圈的孔数，将 $\frac{1}{3}$ 的分子和分母同时扩大相同的倍数，使它的分母数等于某一孔圈的孔数，而扩大后的分子数就是手柄转过的孔数。若 $\frac{1}{3}$ 分子分母同时扩大 10 倍，即 $\frac{1}{3} \times \frac{10}{10} = \frac{10}{30}$，则手柄转过的圈数 $3\frac{4}{12} = 3\frac{1}{3} = 3\frac{10}{30}$，若分度盘中有 30 个孔的孔圈，则手柄转 3 圈后再转 10 个孔。

分度盘的孔数见表 2-14。

表 2-14　分度盘的孔数

分度头形式	分度盘的孔数
带一块分度盘	正面：24、25、28、30、34、37、38、39、41、42、43 反面：46、47、49、51、53、54、57、58、59、62、66
带两块分度盘	第一块正面：24、25、28、30、34、37 反面：38、39、41、42、43 第二块正面：46、47、49、51、53、54 反面：57、58、59、62、66

二、相关知识

1. 划线的作用

划线不仅能使加工有明确的界限，而且能及时发现和处理不合格的毛坯，避免造成损失；在毛坯不太大时，往往又可利用划线的借料法以补救，使零件加工表面仍符合要求。划线的作用具体表现在以下几点：

1）确定工件加工表面的加工余量和位置。

2）检查毛坯的形状、尺寸是否符合图样要求。

3）合理分配各加工面的余量。

2. 划线的基准

在零件的许多点、线、面中，用少数点、线、面能确定其他点、线、面的相互位置，这些少数的点、线、面称为划线基准，即划线基准就是确定其他点、线、面位置的依据。划线时都应从这些基准开始。在零件图中，确定其他点、线、面位置的基准为设计基准，零件图的设计基准和划线基准是一致的。

（1）划线基准的选择原则

1）划线基准与设计基准一致。

2）毛坯上只有一个表面是已加工面，以该面作为基准。

3）工件不是全部加工，以不加工面作为基准。

4）工件全是毛坯面，以较平整的大平面作为基准。

5）圆柱形工件，以轴线作为基准。

6）有孔、凸起部分或毂面时，以孔、凸起部分或毂面作为基准。

（2）常见的划线基准类型 划线基准一般有三种类型，见表 2-15。

表 2-15 划线基准的三种类型

划线基准类型	图　例	划线方法
以两个互相垂直的平面（或直线）为基准	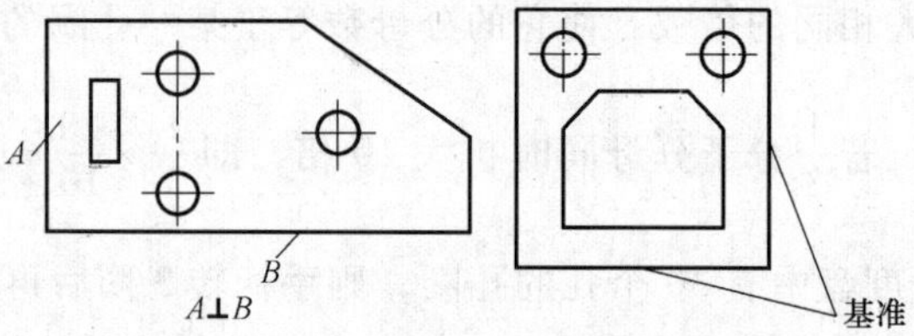	划线前先把工件加工成两个互相垂直的边或平面，划线时每一方向的尺寸都可以它们的边或面作基准
以互相垂直的一个平面和一条中心线为基准	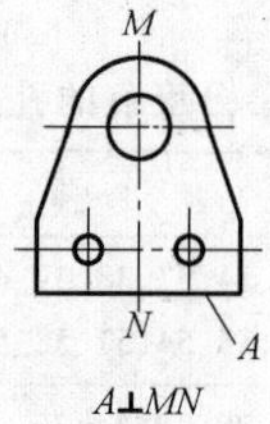	划线前按工件已加工的边（或面）划出中心线作为基准，然后根据基准划其余各线
以两条互相垂直的中心线为基准	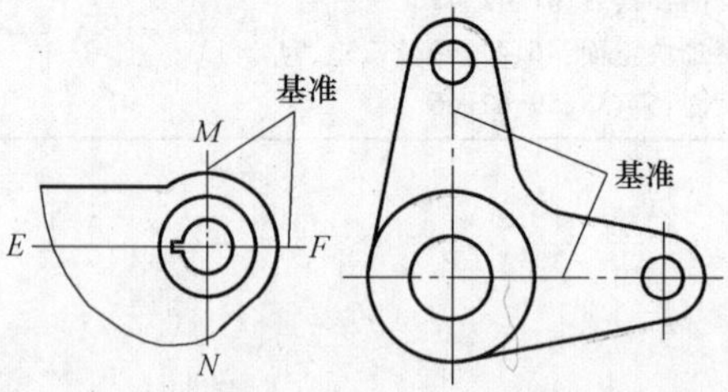	划线前先划出工件上两条互相垂直的中心线作为基准，然后再根据基准划其余各线

划线时，在工件各个方向上都需要选择一个划线基准。其中，平面划线一般选择两个划线基准；立体划线一般要选择三个划线基准。

3. 常用基本划线

钳工划线中常用的线条有互相垂直的十字线、定距离平行线、等分线、等分角度线、内切和外切、圆等分及扁圆、椭圆、渐开线、阿基米德螺旋线等，其划法见表 2-16。

表 2-16　平面划线常用划法

名　　称	图　例	划线方法说明
划垂直的十字线		作直线 AB，取任意两点 O 和 O_1 为圆心，作圆弧交于上下两点 C 和 D，连接 C、D 就是 AB 垂直线 作直线 AB，分别以 A、B 为圆心，AB 为半径作弧，交于点 O；再以 O 点为圆心，AB 为半径，在 BO 延长线上作弧，交于 C 点，C 点与 A 点的连线就是 AB 的垂线
划定距离平行线		作直线 AB，分别以线上点 C 和 D 为圆心，以一定距离 R 为半径作弧 a 和 b，作两弧的公切线就是所要求的平行线
过线外一点划平行线		先以 C 点为圆心，用较大半径作圆弧交直线 AB 于 D 点，再以 D 点为圆心，以同样半径作弧交直线于 E 点；再以 D 点为圆心，以 CE 为半径作弧交第一次弧线于 F 点，连接 CF 就是所要求的平行线
过线外一点划垂直线		先以线外 C 点为圆心，适当长度为半径作弧，同已知线交于 A、B 点；以适当长度为半径，分别以 A 点和 B 点为圆心，作弧交于 D 点，连接 CD 就是 AB 的垂直线
二等分直线		分别以 AB 线两端的 A 和 B 点为圆心，适当长度为半径作弧，交点为 C 点和 D 点，连接 CD，和 AB 相交于 E 点，E 点就是线 AB 的二等分点，CD 是 AB 的二等分直线
已知弧线的二等分点		分别以弧线两端的 a 点和 b 点为圆心，适当长度为半径作弧，交点为 c 点和 d 点，连接 cd，和 ab 弧相交于 e 点，即弧的二等分点
已知角的平分线		以 $\angle abc$ 的顶点为圆心，任意长度为半径作弧，与两边交于 d、e 两点；分别以 d 点和 e 点为圆心，适当长度为半径作弧，交于 f 点，连接 bf 就是该已知角的平分线

（续）

名　称	图　例	划线方法说明
常用角度的划法		30°和60°斜线的划法：以 CD 的中点 O 为圆心，CD/2 为半径作一半圆，再以 D 为圆心，用同一半径作弧，交半圆于 M 点，连接 CM 和 DM，则∠DCM 为30°，∠CDM 为60°
		45°斜线的划法：先作线段 EF 的垂直平分线 OG，再以 EF/2 为半径，以 O 点为圆心作弧，交垂直平分线于 H 点，连接 EH，则∠FEH 为45°
等分圆周点		先作直径 AB，然后以 A 点为圆心，r 为半径作两圆弧，与圆周交于 C、D 点，则 B、C、D 是圆周上的三等分点
		先作直径 AB，然后分别以 A、B 点为圆心，以大于圆半径 r 的任意半径作圆弧，连接圆弧的交点 C、D，与圆交于 E、F 点，则 A、B、E、F 是圆周上的四等分点
		先过圆心 O 作相互垂直的直径 AB 和 CD，然后作 OA 的中点 E，以 E 点为中心，EC 为半径作弧，与 OB 交于 F 点，DF 或 CF 的长度都是五等分圆周的弦长（弦长就是每等分在圆周上的直线长度），可采用此法制作五角星
		先作直径 AB，分别以 A、B 点为中心，以圆半径 r 为半径作弧，与圆交于 C、D、E、F 点，则 A、D、F、B、E、C 是圆周上的六等分点

（续）

名　称	图　例	划线方法说明
任意角度的简易划线法		作 AB 直线,以 A 为圆心,以 57.4mm 为半径作圆弧 CD;在弧 CD 上截取 10mm 的长度,与 A 点连线的夹角为 10°,每 1mm 弦长近似为 1° 实际使用时,应先用常用角划线法或平分角度法,划出接近角度后,再用此法作余量角 注意:可按比例放大,以利于截取小尺寸
划任意三点的圆心		已知 A、B、C,分别将 AB 和 CB 用直线相连,再分别作 AB 和 CB 的垂直平分线,两垂直平分线的交点 O 即为 A、B、C 三点的圆心
划圆弧的圆心		先在圆弧 AB 上任取 N_1、N_2 和 M_1、M_2,分别作弧 N_1N_2 和 M_1M_2 的平分线,两平分线的交点 O 即为弧 AB 的圆心
划圆弧与两直线相切		先分别作距离为 R 并平行于直线 Ⅰ 和 Ⅱ 的直线 Ⅰ′、Ⅱ′,Ⅰ′ 和 Ⅱ′ 交于 O 点,再以 O 为圆心,R 为半径作圆弧 MN 和两直线相切
划圆弧与两圆外切、内切		分别以 O_1 和 O_2 为圆心,以 (R_1+R) 及 (R_2+R) 为半径作圆弧,交于 O 点;以 O 点为圆心,R 为半径作圆弧,与两圆外切于 M、N 点 同理以 $(R-R_1)$ 及 $(R-R_2)$ 为半径作圆弧,交于 O 点;以 O 点为圆心,R 为半径作圆弧,与两圆内切

（续）

名　　称	图　　例	划线方法说明
划椭圆	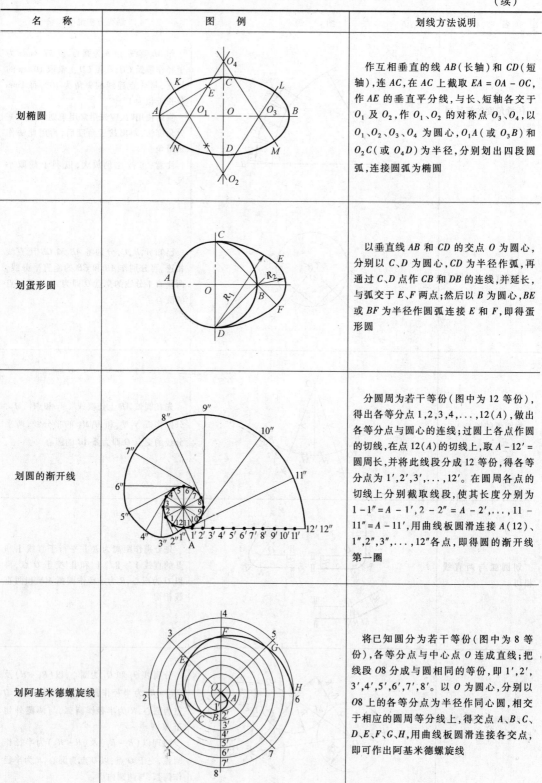	作互相垂直的线 AB（长轴）和 CD（短轴），连 AC，在 AC 上截取 $EA = OA - OC$，作 AE 的垂直平分线，与长、短轴各交于 O_1 及 O_2，作 O_1、O_2 的对称点 O_3、O_4，以 O_1、O_2、O_3、O_4 为圆心，O_1A（或 O_3B）和 O_2C（或 O_4D）为半径，分别划出四段圆弧，连接圆弧为椭圆
划蛋形圆		以垂直线 AB 和 CD 的交点 O 为圆心，分别以 C、D 为圆心，CD 为半径作弧，再通过 C、D 点作 CB 和 DB 的连线，并延长，与弧交于 E、F 两点；然后以 B 为圆心，BE 或 BF 为半径作圆弧连接 E 和 F，即得蛋形圆
划圆的渐开线		分圆周为若干等份（图中为 12 等份），得出各等分点 1,2,3,4,…,12(A)，做出各等分点与圆心的连线；过圆上各点作圆的切线；在点 12(A) 的切线上，取 $A-12' =$ 圆周长，并将此线段分成 12 等份，得各等分点为 $1',2',3',…,12'$。在圆周各点的切线上分别截取线段，使其长度分别为 $1-1'' = A-1'$，$2-2'' = A-2'$，…，$11-11'' = A-11'$，用曲线板圆滑连接 $A(12)$，$1'',2'',3'',…,12''$ 各点，即得圆的渐开线第一圈
划阿基米德螺旋线		将已知圆分为若干等份（图中为 8 等份），各等分点与中心点 O 连成直线；把线段 $O8$ 分成与圆相同的等份，即 $1',2',3',4',5',6',7',8'$。以 O 为圆心，分别以 $O8$ 上的各等分点为半径作同心圆，相交于相应的圆周等分线上，得交点 A、B、C、D、E、F、G、H，用曲线板圆滑连接各交点，即可作出阿基米德螺旋线

三、加工准备

工、量具准备清单见表2-17。

表2-17　工、量具准备清单

序号	名　称	规　格	数量	备注
1	游标高度尺	0～250mm，0.02mm	1	
2	游标卡尺	0～150mm，0.02mm	1	
3	千分尺	0～25mm，0.01mm	1	
4	刀口形直尺	125mm	1	
5	刀口形直角尺	160mm×100mm	1	
6	锉刀	粗、中、细平锉200mm	各1	
7	手锯	300mm	1	
8	锯条	300mm	若干	
9	软钳口		1	
10	锉刀刷		1	
11	毛刷		1	

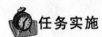

任务实施

1. 划线的操作步骤

1）首先要读懂图样和工艺文件，明确划线的任务。

2）初步检查工件的形状和尺寸是否符合图样要求，去除不合格的工件。

3）工件表面涂色（蓝油）。

4）正确选用划线工具和装夹工件。

5）开始划线。

6）详细检查划线的精度及线条有无漏划。

7）在线条上打样冲眼。

2. 长方体加工步骤

长方体加工步骤见表2-18。

表2-18　长方体加工步骤

加工步骤	加工内容	图　示
1	将工件第一面向下放置在平板上，侧面靠住方箱，用游标高度尺划第二加工面的加工线	锯削余量　锉削余量　22±0.1　24

（续）

加工步骤	加工内容	图　　示
2	锯削第二个平面	
3	锉削第二个平面,控制平行度公差为 0.06mm	
4	将工件放置在平板上,将已锉削好的第一面、第二面和两个端面分别靠在划线方箱上,用游标高度尺划第三、四加工面的加工线	

（续）

加工步骤	加工内容	图　　示
5	锯削第三个平面,锉削第三个平面,控制第三面和其相邻两个面的垂直度公差为 0.05mm 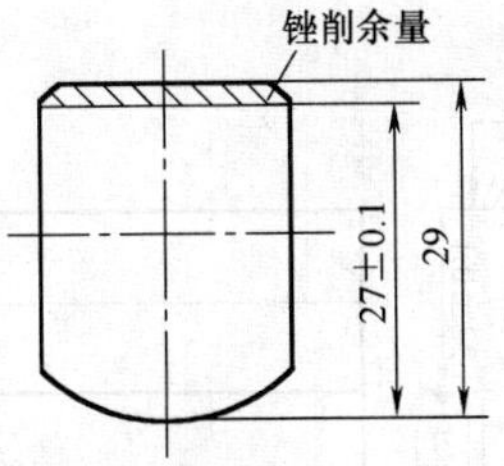 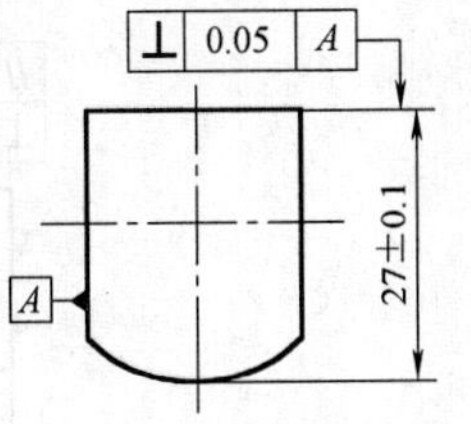	锉削余量 27±0.1　29 ⊥ 0.05 A 27±0.1 A
6	锯削第四个平面,锉削第四个平面,控制第四个面和对面的平行度 0.06mm,控制和两个相邻面的垂直度公差为 0.05mm 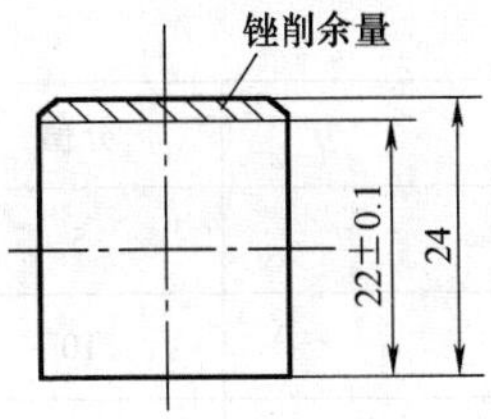 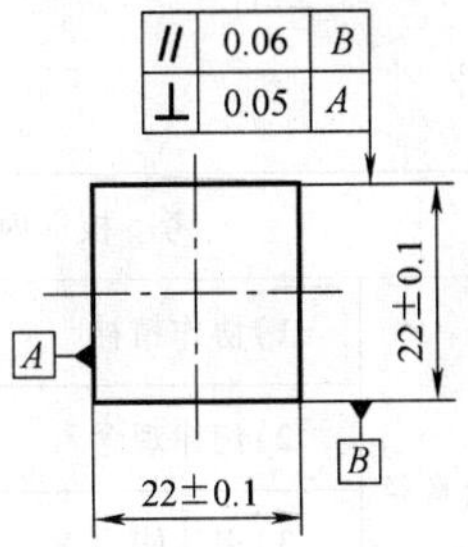	锉削余量 22±0.1　24 ∥ 0.06 B ⊥ 0.05 A 22±0.1 A 22±0.1　B
7	锉削长方体两端平面,尺寸控制为(102±0.1)mm	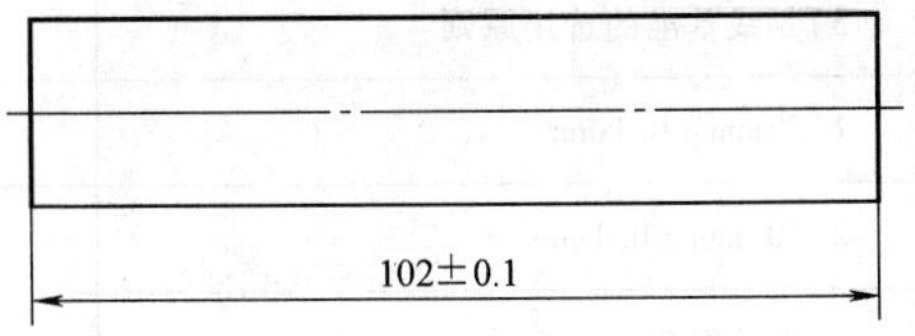 102±0.1

3. 教师点拨

先把图样研究透,再把基准选择好,

检查毛坯涂上色,选好工具就划线,

线条精度要认真,最后别忘打冲眼。

☞任务评价

零件加工结束后,把学生的表现情况和任务检测结果填入表 2-19。

表 2-19   任务评价表

任务三   锯、锉长方体

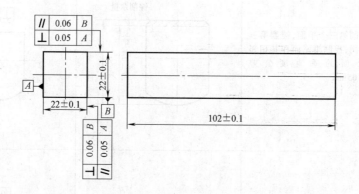

考 核 内 容		分值	自评	互评	教师评价
职业素养	1）协作精神	5			
	2）纪律观念	10			
	3）表达能力	5			
	4）工作态度	5			
理论知识点	1）划线工具的分类	5			
	2）划线的作用	5			
	3）划线基准的选用原则	5			
操作知识点	1）22mm±0.1mm	10×2			
	2）102mm±0.1mm	6			
	3）平行度公差 0.06mm	4×2			
	4）垂直度公差 0.05mm	4×2			
	5）表面粗糙度 $Ra3.2\mu m$（4 面）	2×4			
	6）安全文明生产	10			
总 分		100			

评语：

专业和班级		姓名		学号	

指导教师：   _____年___月___日

任务总结

我学到的知识点	1) 2) 3) 4)
还需要进一步提高的操作练习（知识点）	1) 2) 3) 4)
存在疑问或不懂的知识点	1) 2) 3) 4)
应注意的问题	1) 2) 3) 4)
其他	1) 2) 3) 4)

任务四 锯、锉斜面

学习目标

1. 了解斜面的计算方法。
2. 掌握常用锯条规格。

技能目标

1. 会用游标万能角度尺测量角度。
2. 掌握斜面加工时工件的装夹要领。
3. 进一步熟练掌握锯削、锉削的姿势和方法，并能达到一定锯削和锉削精度。
4. 掌握斜面的划线步骤。
5. 严格遵守安全文明生产要求。

任务描述

图 2-49 所示为加工长方体斜面的图样。本次任务主要是学习通过计算坐标划线的方法，获得斜面的加工位置，进一步练习划线、锯削、锉削等技能。加工中要注意工、量具的正确使用。

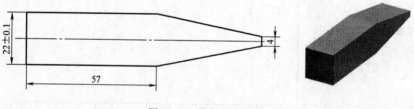

图 2-49　带斜面长方体

任务分析

本任务主要是学习通过计算坐标划线的方法，进一步练习划线、锯削、锉削技能。通过本任务的学习，培养学生的职业素养，训练学生初步掌握钳工岗位中的斜面划线和斜面锉削技能。

知识准备

一、工、量具知识

游标万能角度尺是用来测量工件和样板的内、外角度及角度划线的量具。其分度值有 2′ 和 5′，测量范围为 0°~320°。本书只介绍分度值为 2′ 的游标万能角度尺相关知识。

（1）游标万能角度尺的结构：游标万能角度尺的结构如图 2-50 所示，它主要由尺身、扇形板、基尺、游标尺、直角尺、直尺、卡块等部分组成。

（2）2′游标万能角度尺的刻线原理

尺身刻线每格为1°，游标尺共30格，等分29°，故游标尺每格，为29°/30 = 58′，尺身1格和游标尺1格之差为1° − 58′ = 2′，所以它的分度值为2′。

（3）游标万能角度尺的读数方法

先读出游标尺零刻度前面的整度数，再观察游标尺第几条刻线和尺身刻线对齐，读出角度"′"的数值，最后两者相加就是测量角度的数值。

游标万能角度尺可测量4种不同范围的角度分别是0°～50°、50°～140°、140°～230°和230°～320°，如图2-51所示。

利用游标万能角度尺的尺身、游标尺，配合直角尺和直尺，可测量外角α，如图2-52a所示；利用尺身、游标尺，配合直角尺，可测量外角α，如图2-52b

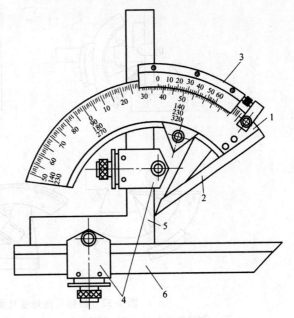

图2-50　游标万能角度尺

1—尺身　2—基尺　3—游标尺　4—卡块　5—直角尺　6—直尺

所示；利用尺身和游标尺可测量燕尾槽内角，如图2-52c所示；利用尺身和游标尺，配合直尺可测量外角，如图2-52d所示。

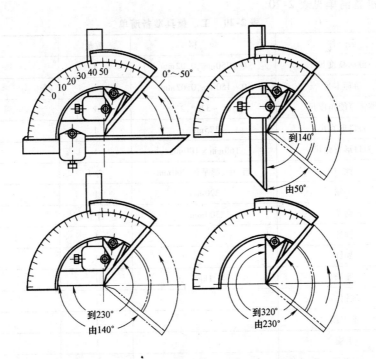

图2-51　游标万能角度尺的不同测量范围角度

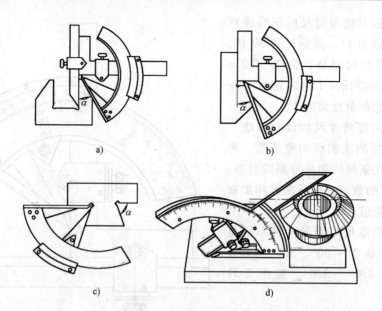

图 2-52　游标万能角度尺测量工件示意图

a）测量外角（一）　b）测量外角（二）　c）测量燕尾槽内角　d）测量外角（三）

　　游标万能角度尺的使用方法比较简单，使直角尺和直尺的测量面都与被测量面表面接触好，即可得到角度数值。

二、加工准备

　　工、量具准备清单见表 2-20。

表 2-20　工、量具准备清单

序号	名　称	规　格	数量	备　注
1	游标高度尺	0～250mm，0.02mm	1	
2	游标卡尺	0～150mm，0.02mm	1	
3	游标万能角度尺	0°～320°，2′	1	
4	刀口形直尺	125mm	1	
5	刀口形直角尺	160mm×100mm	1	
6	锉刀	粗、中、细平锉 200mm	各 1	
7	手锯	300mm	1	
8	锯条	300mm	若干	
9	样冲		1	
10	划针		1	
11	锤子	1kg	1	
12	软钳口		1	
13	锉刀刷		1	
14	毛刷		1	
15	计算器	函数	1	

🕐 任务实施

锤头斜面加工步骤见表2-21。

表 2-21　锤头斜面加工步骤

加工步骤	加工内容	图样
1	以 C 面为基准,划距离为57mm 线,以 A 面为基准划22mm 的中心线,再划9mm 及13mm 线,用钢直尺、划针连线	22, 9, 13, 57, A C
2	锯削、锉削(粗锉、精锉)斜面,达到图样要求。装夹时,尽量使斜线和钳口平行	4, 57

👉 任务评价

零件加工结束后,把学生的表现情况和任务检测结果填入表2-22。

表 2-22　任务评价表

任务四　锯、锉斜面

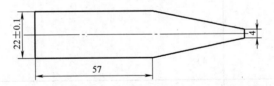

考 核 内 容		分值	自评	互评	教师评价
职业素养	1)协作精神	5			
	2)纪律观念	10			
	3)表达能力	5			
	4)工作态度	5			
理论知识点	1)游标万能角度尺的组成和读数原理	5			
	2)游标万能角度尺的测量范围	10			
操作知识点	1)斜面平面度公差 0.05mm(两处)、斜面和直面交线的直线度公差	20			
	2)4mm	10			
	3)倒角均匀,各棱线清晰	20			
	4)安全文明生产	10			
总　分		100			

评语:

专业和班级		姓名		学号	

指导教师:　　　　　　　　　　　　　　　　　　　　　　　　　　　　　　___年___月___日

任务总结

我学到的知识点	1) 2) 3) 4)
还需要进一步提高的操作练习（知识点）	1) 2) 3) 4)
存在疑问或不懂的知识点	1) 2) 3) 4)
应注意的问题	1) 2) 3) 4)
其他	1) 2) 3) 4)

任务五 加工长方体上腰形孔及端部

学习目标

1. 了解工作场地台式钻床的规格、性能及使用方法。
2. 掌握常用钻头规格。
3. 了解钻孔、扩孔、铰孔和锪孔的使用场合。

技能目标

1. 掌握钻孔时工件的装夹方法。
2. 掌握划线钻孔方法，并能进行一般精度孔的钻削加工。
3. 掌握锉削腰形孔的方法。
4. 严格遵守安全文明生产要求。

任务描述

加工锤头腰形孔和端部的图样如图 2-53 所示。本次任务主要是学习通过计算坐标划线的方法获得腰形孔的加工位置，进一步练习划线、钻孔、锉削等技能。加工中要注意工、量具的正确使用。

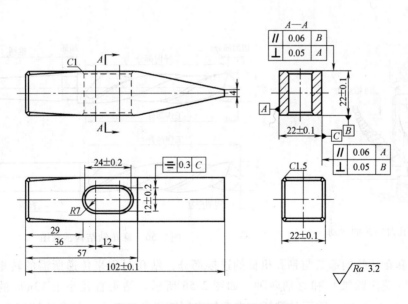

图 2-53 锤头腰形孔和端部的图样

任务分析

本任务主要是学习钻头的选择、钻床的操作方法，练习刃磨钻头和钻孔技能。通过本任务学习，培养学生的职业素养，训练学生初步掌握钳工岗位中的钻孔和小平面锉削技能。

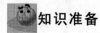知识准备

一、工、量具知识

1. 台式钻床（台钻）

台钻是钳工常用的加工孔的设备。

台钻用来钻直径 13mm 以下的孔，钻床的规格是指钻孔的最大直径，常用的有 6mm 和 12mm 等几种规格。由于台钻的最低转速较高（一般不低于 400r/min），不适于锪孔、铰孔。常见的台钻型号为 Z5032，台钻的组成如图 2-54 所示。

2. 钻孔工具

钻孔时，钻头装夹在钻床主轴上，依靠钻头与工件之间的相对运动来完成钻削加工。钻头的切削运动分为主运动和进给运动，如图 2-55 所示。

（1）钻头　钻头的种类很多，有扁钻、深孔钻、中心钻、麻花钻，一般在工厂中心钻和麻花钻应用最为广泛。

1）麻花钻的组成和结构。麻花钻主要由柄部、颈部和工作部分组成，其结构示意图如图 2-56 所示。

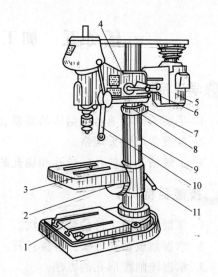

图 2-54　台式钻床的组成
1—底座　2—螺钉　3—工作台　4—机床本体
5—电动机　6—锁紧手柄　7—螺钉　8—保险环
9—立柱　10—进给手柄　11—手柄

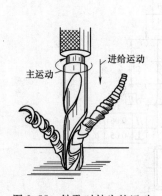

图 2-55　钻孔时钻头的运动

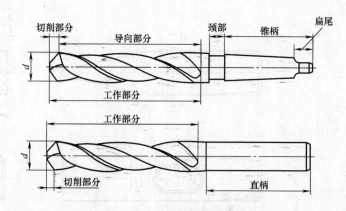

图 2-56　麻花钻结构示意图

柄部：麻花钻的柄部是与钻孔机械的连接部分，钻孔时用来传递所需的转矩和轴向力。柄部分锥柄（莫氏圆锥）和直柄两种，如图 2-56 所示。钻头直径小于 13mm 的采用直柄，钻头直径大于 13mm 的一般都是锥柄。锥柄的扁尾能避免钻头在主轴孔或钻套中打滑，并便于用楔铁把钻头从主轴锥孔中打出，如图 2-57 所示。

颈部：钻头的颈部为磨制钻头时供砂轮退刀用，一般也用来打印商标和规格。

工作部分：工作部分由切削部分和导向部分组成。切削部分由两条主切削刃、一条横刃、两个前面和两个后面组成，如图 2-58 所示，其作用主要是切削工件。导向部分有两条螺旋槽和两条窄的螺旋形棱边，两者相交成两条棱刃（副切削刃）。导向部分在切削过程中

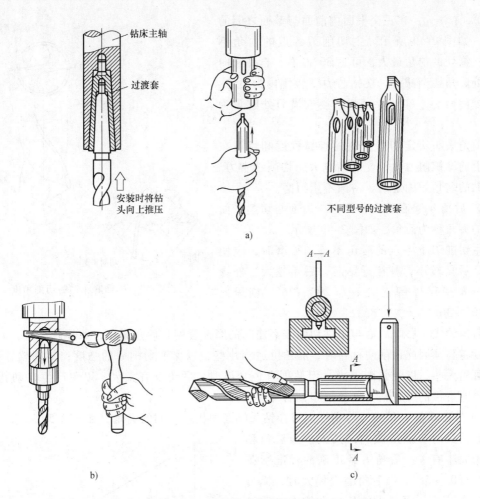

不同型号的过渡套

图 2-57　锥柄钻头的安装与拆卸

使钻头保持正直的钻削方向并起修光孔壁的作用，通过螺旋槽排屑和输送切削液。此外，导向部分还是切削部分的后备部分。

2）麻花钻切削部分的几何参数如图 2-59 所示。

① 顶角 2ϕ：又称钻尖角，它是两主切削刃在其平行平面上的投影之间的夹角，如图 2-59 所示。

顶角的大小可根据加工条件在钻头刃磨时确定。标准麻花钻的顶角 $2\phi = 118° \pm 2°$，这时主切削刃呈直线形；当 $2\phi > 118°$ 时，主切削刃呈内凹形；当 $2\phi < 118°$ 时，主切削刃呈外凸形。

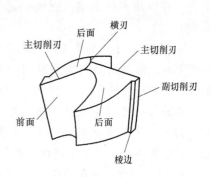

图 2-58　麻花钻切削部分的构成示意图

顶角的大小影响主切削刃上轴向力的大小。顶角越小，则轴向力越小，外缘处刀尖角 ε 越大，越有利于散热和提高钻头寿命；但顶角减小后，在相同条件下，钻头所受的扭矩增大，切屑变形加剧，排屑困难，会妨碍切削液进入。使用时，也可根据工件材料的性质来确定，切削软材料，顶角可小些，取 $80° \sim 100°$；切削硬材料，顶角可大些，取 $125° \sim 140°$。

② 前角 γ_o：在正交平面内前面与基面之间的夹角，如图 2-59 所示。主切削刃各点的前角不等，外缘处的前角最大，可达 30°左右，自外缘向中心处前角逐渐减小，在钻芯 $D/3$ 范围内为负值，横刃处前角为 $-60° \sim -54°$，接近横刃处前角为 $-30°$。

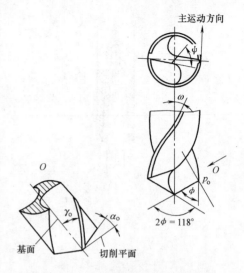

前角大小决定切除材料的难易程度和切屑在前面上的摩擦阻力大小。前角越大，切削越省力。麻花钻的前角是固定的，一般不用刃磨。

③ 后角 α_o：在正交平面内，后面与切削平面之间的夹角称为后角，如图 2-59 所示。

主切削刃上各点的后角不等。刃磨时，应使外缘处后角较小，越接近钻芯，后角越大。外缘处 $\alpha_o = 8° \sim 14°$，钻芯处 $\alpha_o = 20° \sim 26°$，横刃处 $\alpha_o = 30° \sim 36°$。

图 2-59 标准麻花钻的切削角度

后角的大小影响后面与工件切削表面之间的摩擦程度。后角越小，摩擦越严重，但切削刃强度越高。因此钻削硬材料时，后角可适当小些，以保证切削刃的强度；钻削软材料时，后角可稍大些，以便钻削省力；但钻削有色金属时，后角不宜太大，以免产生自动扎刀现象。不同直径的麻花钻，直径越小，后角越大。

④ 横刃斜角 ψ 是横刃与主切削刃在钻头端面内投影之间的夹角，如图 2-59 所示。它是在刃磨钻头时自然形成的，其大小与后角和顶角的大小有关。后角刃磨正确的标准麻花钻，$\psi = 50° \sim 55°$。当后角磨得偏大时，横刃斜角就会减小，而横刃的长度会增大；反过来，横刃斜角刃磨准确，则近钻芯处后角也准确。

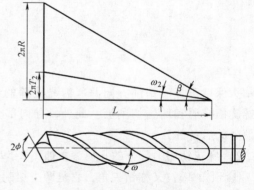

⑤ 螺旋角 β：麻花钻的螺旋角，如图 2-60 所示。螺旋角是指主切削刃上最外缘处螺旋线的切线与钻头轴线之间的夹角。

在钻头的不同半径处，螺旋角的大小是不等的。钻头外缘的螺旋角最大，越靠近钻芯，螺旋角越小。对于相同直径的钻头，螺旋角越大，强度越低。

图 2-60 麻花钻的螺旋角

⑥ 横刃长度：麻花钻是由于钻芯的存在而产生横刃，横刃的长度既不能太长，也不能太短。太长会增大钻削的轴向阻力，对钻削工作不利；太短会降低钻头的强度。标准麻花钻的横刃长度为 $b = (0.18 \sim 0.2) D$，其中 D 为钻头直径。

3）钻头的刃磨方法。钻头刃磨得不正确，会影响钻孔质量。若后角磨得太小甚至成为负后角，磨出的钻头不能使用。刃磨钻头时，使用的砂轮粒度一般为 F46 ~ F80，最好采用中软级的氧化铝砂轮，且砂轮圆柱面和侧面都要平整，砂轮在旋转中不得跳动，因为在跳动大的砂轮上磨不出好钻头。

麻花钻的前角是由钻头上的螺旋角来确定的，通常不刃磨。麻花钻的顶角、后角和横刃斜角是通过磨钻头的后面时一起磨出的3个角度。

初学刃磨钻头，可取新的标准钻头在砂轮停止转动的时候，用标准钻头与砂轮水平中心面的外圆处接触，按照标准钻头上的角度和后面，以刃磨的姿势，缓慢转动，并始终使钻头与砂轮之间贴合，通过这样的一比一磨，一磨一比，掌握刃磨要领。

刃磨时，右手握住钻头的头部作为定位支点，使钻头的主切削刃成水平，钻刃轻轻地接触砂轮水平中心面的外圆，如图2-61a所示，即磨削点在砂轮中心的水平位置，钻头轴线和砂轮轴线之间的夹角等于顶角的一半（58°～59°）；左手握住钻头柄部，以右手为定心支点，慢慢地使钻头绕中心转动，如图2-61b所示；把钻尾往下压，并作上下扇形摆动，摆动角度约等于钻头后角，同时顺时针转动约45°，转动时逐渐加重手指的力量，将钻头压向砂轮，如图2-61c所示，这一动作要协调，直到钻头符合要求为止。

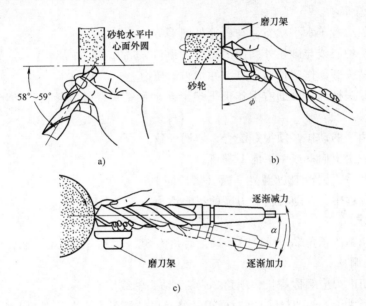

图 2-61　麻花钻刃磨姿势示意图

a）刃磨时的握法　b）磨钻头以磨刀架为支点示意图　c）麻花钻尾部向下压

麻花钻的钻芯较薄，尾部较厚，当钻头磨短之后，横刃就会变长。横刃长了，切削条件变差，进给阻力大，定心不好。因此，使用短钻头时应该对横刃进行修磨，修磨后的横刃长度可等于钻头直径的0.1倍，其修磨方法是：钻头轴线左摆，刃背（钻头后面的外缘）靠上砂轮的右角，在水平面内与砂轮侧面夹角约15°，如图2-62a所示；在垂直面内，钻头轴线与砂轮轴线夹角约55°，如图2-62b所示。

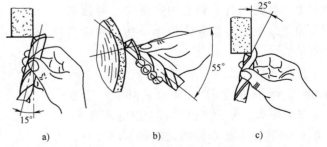

图 2-62　刃磨钻头横刃示意图

a）开始刃磨横刃时的俯视图　b）麻花钻轴线在垂直平面内与砂轮轴线所成角度　c）磨至钻芯时内刃与砂轮侧面所成角度

磨削点由外刃背沿棱线逐渐向钻芯移动，并慢慢转动钻头，逐渐减小压力磨至内刃前面，第一面不要一次磨成，旋转180°后刃磨另一面。磨至钻芯时，要保证内刃与砂轮侧面的夹角约为25°，如图2-62c所示，并要防止钻芯磨得过薄。修磨的横刃应在正中，两侧修磨量要均匀对称。修磨量不要过多，注意保持内刃的强度。对称性要求较高的大直径钻头，磨完后应夹到钻床上试一试，用手扳动主轴，把横刃对准工件上钻孔处，看它是否在钻孔中心旋转，如果偏向一边，则需进一步修磨。

钻头刃磨后可用样板进行检查，或者用目测法进行检查，一般目测检查较多。目测时，将钻头竖起，立在眼前，两眼平视，观看刃口，这时背景要清晰，因为观察时两钻刃一前一后，会产生视差，观看两钻刃时，往往感到左刃（前刃）高。这时将钻芯绕轴线旋转180°。反复几次，如果观察结果一样就证明对称了。另外刃磨钻头时，在磨到刃口时磨削量要小，停留时间要短，防止切削部分过热而退火，同时还应经常将钻头浸入水中冷却。

4）刃磨注意事项。

① 将主切削刃置于水平状态并与砂轮外圆平行。

② 保持钻头中心线与砂轮外圆面的夹角为顶角2ϕ的一半。

③ 右手握钻头头部作定位支承点，并加刃磨压力。

④ 左手握钻头柄部，协助右手作上下扇形摆动和钻头绕轴线转动，磨出合适后角和横刃斜角。

⑤ 左、右两手的动作必须很好配合，协调一致。

⑥ 刃磨时，由上向下或由下向上都可。

⑦ 一面磨好后，翻转180°磨另一面（磨法同上）。

⑧ 在刃磨过程中，要随时检查刃磨的正确性。

5）刃磨要求。

① 标准麻花钻的顶角2ϕ为118°±2°，后角为8°~14°，横刃斜角为55°。要根据材料的性质而作相应调整。

② 两条主切削刃应对称等长，顶角2ϕ应为钻头轴线所平分。

③ 钻头直径大于5mm时还应磨短横刃，修磨后的横刃为原来长度的1/5~1/3。

（2）扩孔刀具　常用的扩孔方法有麻花钻扩孔（普通麻花钻改磨）和扩孔钻扩孔。

用麻花钻扩孔时，由于钻头横刃不参与切削，进给力小，进给省力。但因钻头外缘处前角较大，易把钻头从钻套中拉下来，所以应把麻花钻外缘处的前角修磨得小一些，并适当控制进给量。

扩孔钻齿数较多（一般3~4个齿），导向性好，切削平稳，切削刃不必由外缘一直到中心，没有横刃，可避免横刃对切削的不良影响，如图2-63所示。扩孔钻的钻芯粗，刚性好，可选用较大的切削用量。

用扩孔钻扩孔生产率高，加工质量好，公差等级可达IT9~IT10，表面粗糙度可达

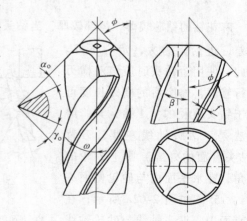

图2-63　扩孔钻的工作部分

$Ra12.5 \sim Ra3.2\mu m$，常作为孔的半精加工及铰孔前的预加工。

（3）铰刀　铰刀是一种尺寸精确的多刃刀具，铰削时切屑很薄，通常铰孔公差等级可达 IT7 ~ IT9，表面粗糙度为 $Ra32 \sim Ra0.8\mu m$。

铰刀的种类很多，按铰刀的使用方法可分为手用铰刀和机用铰刀，如图 2-64 所示；按铰刀形状可分为圆柱铰刀和圆锥铰刀（图 2-65）；按铰刀结构可分为整体式铰刀和可调式铰刀（图 2-66）。铰刀一般有 6 ~ 12 个切削刃，没有横刃。

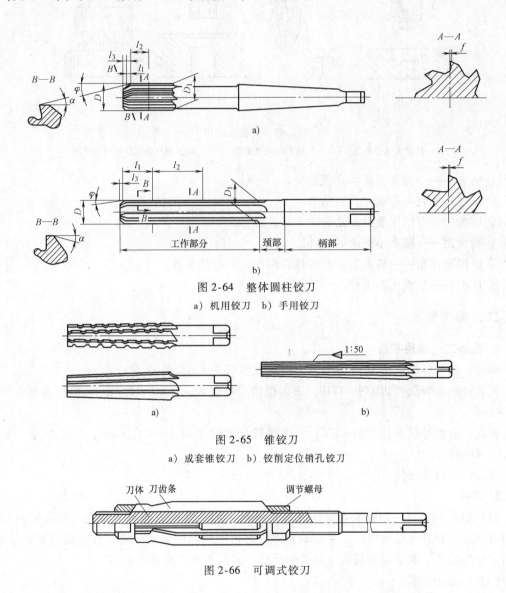

图 2-64　整体圆柱铰刀

a）机用铰刀　b）手用铰刀

图 2-65　锥铰刀

a）成套锥铰刀　b）铰削定位销孔铰刀

图 2-66　可调式铰刀

（4）锪钻　锪钻有柱形锪钻、锥形锪钻和端面锪钻三种，如图 2-67 所示。锥形锪钻有 60°、75°、82°、90°、100°、120°等。

锪孔的目的是保证孔端面与孔中心线的垂直度，以便与孔连接的零件位置正确，连接可靠。

（5）附件

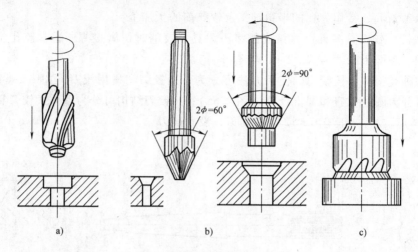

图 2-67　锪孔的应用

a）柱形锪钻锪圆柱形孔　b）锥形锪钻锪锥形孔　c）端面锪钻锪孔口和凸台平面

① 钻夹头——装夹直柄小直径钻头。

② 钻套——装夹锥柄大直径钻头。

③ 楔铁——专门用做拆卸钻套的工具。

④ 台虎钳——装夹小而薄的工件。

⑤ 机用平口钳——装夹加工过的且有两个面平行的工件。

⑥ 压板——装夹大型工件。

二、相关知识

1. 孔加工的常用手段

钻孔：公差等级可达 IT12 左右，表面粗糙度可达 $Ra12.5\mu m$ 左右。

扩孔：公差等级可达 IT9 ~ IT10，表面粗糙度可达 $Ra3.2 ~ Ra12.5\mu m$，扩孔余量一般为 0.5 ~ 4mm。

铰孔：公差等级可达 IT7 ~ IT8，表面粗糙度可达 $Ra0.8 ~ Ra1.6\mu m$，铰孔余量一般为 0.1 ~ 0.4mm。

锪孔：孔口型面加工。

2. 钻孔

（1）钻孔的概念　用钻头在实体（心）材料上加工孔的方法称为钻孔。钻孔时的切削运动由主运动和进给运动组成。主运动为将切屑切下所需的基本运动，即钻头的旋转运动；进给运动为使被切削金属继续投入切削的运动，即钻头的直线移动。

（2）钻孔的步骤

1）工件夹持　钻孔前一般都须将工件夹紧固定，以防钻孔时工件移动，折断钻头或使钻孔位置偏移。工件夹紧的方法主要根据工件的大小、形状和工件要求而定。

① 在钻 $\phi8mm$ 以下的小孔，工件又可以用手握牢时，可用手握住工件钻孔。此方法比较方便，但工件上锋利的边、角必须倒钝。有些长工件虽可用手握住，但还应在钻床台面上用螺钉固定，如图 2-68 所示。当孔将要钻穿时，应减慢进给速度，以防发

生事故。

②用机用平口钳夹持工件。在平整工件上钻孔时，一般把工件夹持在机用平口钳上，如图 2-69 所示。钻孔直径较大时，可将机用平口钳用螺钉固定在钻床工作台上，以减少钻孔时的振动。

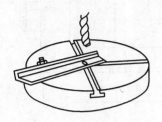

图 2-68　长工件用螺钉固定

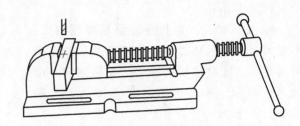

图 2-69　机用平口钳夹持

③用 V 形块配以夹紧装置或压板夹持。在套筒或圆柱形工件上钻孔时，一般把工件放在 V 形块上并配以夹紧装置或压板压紧，以免工件在钻孔时转动，如图 2-70 所示。

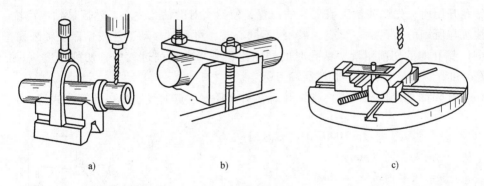

a)　　　　　　　b)　　　　　　　c)

图 2-70　用 V 形块、压板夹持圆柱形工件

a）V 形块和夹紧装置夹持套筒　b）V 形块和压板夹持圆柱形工件　c）转台上 V 形块和压板夹持圆柱形工件

④用压板夹持工件钻大孔时，或者不适宜用机用平口钳夹持工件时，可直接用压板和螺栓把工件固定在钻床工作台上，如图 2-71 所示。

使用压板时要注意以下几点：

（a）螺栓应尽量靠近工件，从而产生较大的压紧力。

（b）垫铁应比工件的压紧表面稍高，这样即使压板略有变形，着力点也不会偏在工件边缘处，而且有较大的压紧面积。

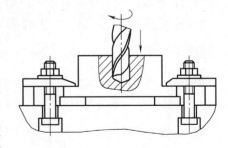

图 2-71　用压板和螺栓夹持工件

（c）对已精加工过的压紧表面，应垫上铜皮等物，以免压出印痕。

⑤用钻夹具夹持工件。对一些钻孔要求较高、零件批量较大的工件，可根据工件的形状、尺寸和加工要求，采用专用的钻夹具夹持工件，如图 2-72 所示。利用钻夹具夹持工件，可提高钻孔精度，尤其是孔与孔之间的位置精度，并节省划线等辅助时间，提高了劳动生

产率。

2）划线和打样冲眼。

3）试钻。试钻一个约为孔径 1/4 的浅坑来判断是否对中，偏得较多要纠正，纠正的方法就是想办法，增大应该钻掉一侧的切削，对中后方可钻孔。

4）正式钻孔。钻孔时进给量要控制好，不要太大，也不要太小；要时常抬起钻头断屑和排屑；同时加切削液；孔要钻通时，应减少进给量，防止切削力突然增大，折断钻头。

（3）一般工件的钻孔方法　钻孔前应在工件上划出所要钻孔的十字中心线和直径或#

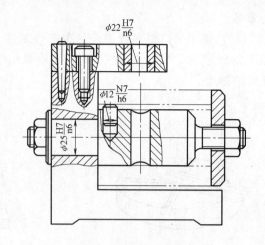

图 2-72　用钻夹具夹持工件

字线。在孔的圆周上，打样冲眼，作为钻孔后检查用。孔中心线的样冲眼作为钻头定心用，应打得大一些、深一些，使钻头在钻孔时不易偏离中心。

钻孔开始时，先调整钻头或工件的位置，使钻头对准钻孔中心，然后试钻一浅坑，如钻出的浅坑与所划的钻孔中心线或"#"线不同心时，可通过移动工件或钻床主轴来找正。

（4）钻孔时的切削用量　钻孔时的切削用量是指在钻削过程中，切削速度（v）、进给量（f）和背吃刀量（a_p），如图 2-73 所示。

1）钻削时的切削速度（v）指钻孔时钻头直径上一点的线速度，计算公式为

$$v = \frac{\pi D n}{1000} \qquad (2\text{-}2)$$

式中　D——钻头直径（mm）；

　　　n——钻床主轴转速（r/min）；

　　　v——切削速度（m/min）。

2）钻削时的进给量（f）指主轴每转一转，钻头对工件沿主轴轴线的相对移动量，单位为 mm/r。

3）背吃刀量（a_p）指已加工表面与待加工表面之间的垂直距离，钻削时 $a_p = \dfrac{D}{2}$，单位为 mm。

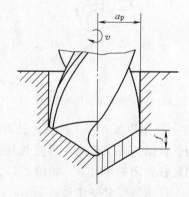

图 2-73　切削用量之间

例 2-1　用 ϕ10mm 钻头钻孔，已知切削速度为 20m/min。求钻孔时钻床的主轴速度。

解： 由式（2-2）得 $n = \dfrac{1000v}{\pi D}$ 代入已知求得 $n = \dfrac{1000 \times 20}{3.14 \times 10}$ r/min = 637r/min

4）钻削工艺及钻削用量的选择。具体选择时钻削用量时，应根据钻头直径、钻头材料、工件材料、表面粗糙度要求等来决定，一般情况下可查表选取。必要时，可作适当的修正或由试验确定。

① 钻削工艺的选择。直径小于30mm 的孔一次钻出。直径为 30～80mm 的孔可分为两次钻削，先用（0.5～0.7）D（D 为要求的孔径）的钻头钻底孔，然后用直径为 D 的钻头扩

孔，这样可以减少背吃刀量及降低进给力，保护机床，同时提高钻孔质量。

② 进给量的选择。高速钢标准麻花钻的进给量见表 2-23。

表 2-23 高速钢标准麻花钻的进给量

钻头直径 D/mm	< 3	3 ~ 6	> 6 ~ 12	> 12 ~ 25	> 25
进给量 f/(mm/r)	0.025 ~ 0.05	> 0.05 ~ 0.10	> 0.10 ~ 0.18	> 0.18 ~ 0.38	> 0.38 ~ 0.62

孔的精度要求较高和表面粗糙度值要求较小时，应取较小的进给量；钻孔较深、钻头较长、钻头刚度和强度较差时，也应取较小的进给量。

③ 切削速度的选择。当钻头的直径和进给量确定后，钻削时的切削速度应按钻头的寿命选取合理的数值，一般根据经验选取。孔深较大时，应取较小的切削速度。

（5）钻孔时切削液的选用 切削液在钻削过程中起到冷却和润滑的作用，可提高钻头使用寿命和零件的加工质量。一般在钻削碳钢及合金钢时，使用体积分数为 15% ~ 20% 的乳化液、硫化乳液、硫化油或活性矿物油进行润滑冷却。钻铸铁和黄铜时一般不用切削液，有时可用煤油进行润滑冷却。钻青铜时，使用体积分数为 7% ~ 10% 的乳化液或硫化乳液进行润滑冷却。钻削铝材料时，可用煤油进行润滑冷却。

（6）钻孔安全注意事项

1）钻孔前应清理工作台，如使用的刀具、量具和其他物品不应放在工作台上。

2）钻孔前要夹紧工件，钻通孔时垫垫块，或者使钻头对准工作台的沟槽，防止钻头损坏工作台。

3）通孔快钻穿时，要减少进给量，以防发生事故。

4）松紧钻夹头应在停机后进行，要用"钥匙"来松紧，而不能敲击。当钻头要从钻套中退出时，用楔铁敲击。

5）钻床变速前，应停机后变速。

6）钻孔时扎紧衣袖，戴好工作帽，严禁戴手套。

7）清除切屑时不能用嘴吹、用手拉、用棉纱擦，要用毛刷清扫。卷绕在钻头上的切屑，应在停机后用铁钩拉出。

8）钻孔时，不能两人同时操作，以防发生事故。

9）试钻前，要将工件装夹牢固并找正；同时要根据钻头直径大小来调整钻床主轴转速。

3. 扩孔

（1）扩孔的概念 用扩孔钻或麻花钻将工件原有的孔进行扩大的加工称为扩孔。扩孔钻有专用扩孔钻和麻花钻刃磨得到的扩孔钻。扩孔加工的公差等级比钻孔高，一般应用于孔的半精加工。

（2）扩孔的切削用量

1）扩孔前钻孔直径的确定。用麻花钻扩孔，扩孔前钻孔直径为 0.5 ~ 0.7 倍的要求孔径。用扩孔钻扩孔，扩孔前钻孔直径为 0.9 倍的要求孔径。

2）扩孔时背吃刀量 a_p 按下式计算

$$a_p = \frac{D - d}{2}$$

式中　　D——扩孔后直径（mm）；

d——预加工孔直径（mm）。

扩孔的切削速度为钻孔的 1/2，扩孔的进给量为钻孔的 1.5～2 倍。在单件小批量生产中，一般扩孔钻均采用麻花钻刃磨得到，刃磨时应适当减小钻头后角，以防扩孔时扎刀。

4. 锪孔

（1）锪孔的概念　用锪钻或麻花钻改制的钻头将孔口表面加工成一定形状的孔和平面，称为锪孔。

（2）锪孔的工作要点　锪孔方法与钻孔方法基本相同，但锪孔时刀具容易振动，特别是使用麻花钻改制的锪钻时，容易使所锪端面或锥面产生振痕，影响锪孔质量，故锪孔时应注意以下几点：

1）由于锪孔的切削面积小，锪钻的切削刃多，所以进给量为钻孔的 2～3 倍，切削速度为钻孔的 1/3～1/2。

2）用麻花钻改制锪钻时，后角和外缘处前角适当减小，以防扎刀。两切削刃要对称，保持切削平稳。尽量选用较短钻头改制，以减少振动。

3）锪钻的刀杆和刀片装夹要牢固，工件夹持稳定。

4）锪钢件时，要在导柱和切削表面加机油或牛油润滑。

5. 铰孔

（1）铰孔的概念　用铰刀从零件孔壁上切除微量金属层，以提高其尺寸精度和降低表面粗糙度值的方法称为铰孔。

（2）铰孔工艺

1）铰削余量的选用。铰削余量一般是指上道工序（如钻孔，扩孔）完成后，在直径方向所留下的加工余量。铰削余量不宜太大或太小。铰削余量太小，铰刀处于啃刮状态，磨损严重，降低了铰刀的使用寿命。铰削余量太大，则增加了每一刀的切削负荷，增加了切削热，使铰刀直径扩大，孔径也随之扩大，同时切削时呈撕裂状态，使铰削表面粗糙。应根据孔径的大小正确选用铰削余量。铰削余量的选择可参见表 2-24。

表 2-24　铰削余量

铰孔直径/mm	<5	5～20	21～32	33～50	51～70
铰孔余量/mm	0.1～0.2	0.2～0.3	0.3	0.5	0.8

2）机铰的切削速度和进给量。使用普通高速钢铰刀铰孔，工件材料为铸铁时，切削速度不应超过 10m/min，进给量在 0.8mm/r 左右；当工件材料为钢时，切削速度不应超过 8m/min，进给量在 0.4mm/r 左右。

3）铰削操作要点。

① 工件要夹正，夹紧力适当。

② 手铰时，两手用力要均匀，保持铰削的稳定性。

③ 铰削时随着铰刀旋转，两手要轻轻加压，使铰刀均匀进给，不断变换铰刀每次停歇位置，防止连续在同一位置停歇而造成振痕。

④ 铰削过程中或退出铰刀时都不允许反转，否则会拉伤孔壁，甚至使铰刀崩刃并造成铰刀快速磨损。

⑤ 机铰时，要严格保证钻床主轴、铰刀和零件孔三者中心的同轴度。

⑥ 铰削不通孔时，应经常退出铰刀以清除铰刀和孔中的切屑，防止因堵屑而刮伤孔壁。

⑦ 机铰退刀时，铰刀应退出孔外后再停机，否则孔壁有刀痕。

三、加工准备

工、量具准备清单见表 2-25。

表 2-25　工、量具准备清单

序号	名　称	规　格	数量	备注
1	游标高度尺	0~250mm,0.02mm	1	
2	游标卡尺	0~150mm,0.02mm	1	
3	游标万能角度尺	0°~320°,2′	1	
4	刀口形直尺	125mm	1	
5	刀口形直角尺	160mm×100mm	1	
6	锉刀	粗、中、细平锉200mm	各1	
7	半圆锉	自定	1	
8	手锯	300mm	1	
9	锯条	300mm	若干	
10	钻头	ϕ3mm、ϕ12mm	各1	
11	样冲		1	
12	划针		1	
13	锤子	1kg	1	
14	软钳口		1	
15	锉刀刷		1	
16	毛刷		1	

任务实施

1. 锤头腰形孔及端部加工步骤

锤头腰形孔及端部加工步骤见表 2-26。

表 2-26　锤头腰形孔及端部加工步骤

加工步骤	加工内容	图样
1	以 C 面、B 面为基准划腰孔线，打样冲眼。然后钻 ϕ3mm 小孔，再用 ϕ10mm 钻头扩孔	

（续）

加工步骤	加工内容	图样
2	锉腰孔，用圆锉、方锉进行加工，按图样要求锉好腰孔，并保证圆滑相接	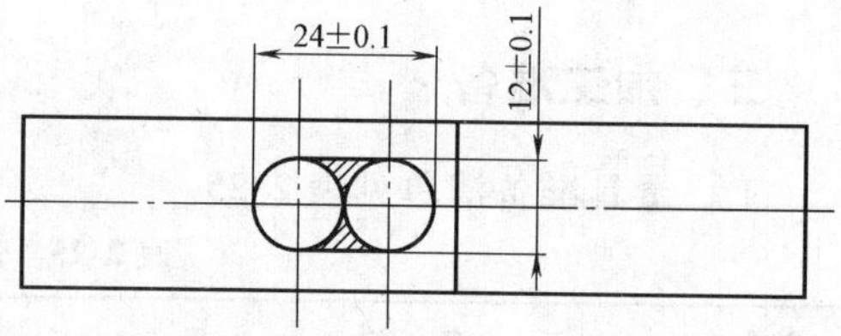 24 ± 0.1　12 ± 0.1
3	划 $C1.5$ 倒角线，划倒棱位置线 29mm，然后锉削各处倒角	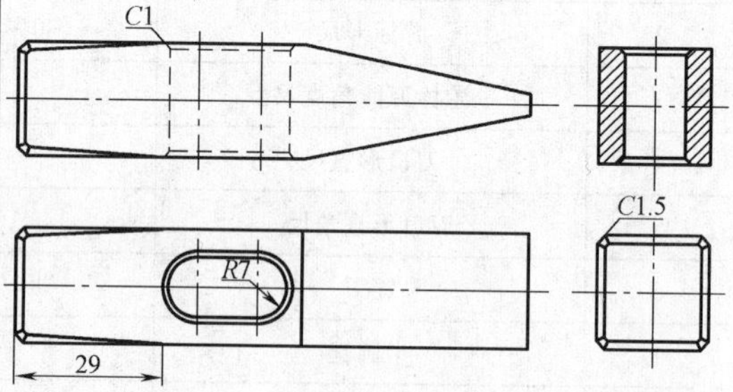 C1　R7　29　C1.5
4	油光锉修光，打标记，交检	

2. 教师点拨

提高钻孔质量的方法如下：

1）根据工件的钻孔要求在工件上正确划线，检查后打样冲眼。孔中心的样冲眼要打得正，打得大一些、深一些。

2）按工件形状和钻孔精度要求采用合适的夹持方法，使工件在钻削过程中保持正确的位置。

3）正确刃磨钻头，按材料的性质确定钻头的顶角、后角的大小，并可根据具体情况对钻头进行修磨，改进钻头的切削性能。

4）选定钻孔设备，并合理选择切削用量。

5）钻孔时，先进行试钻，如发现钻孔中心偏移，应采取借正的方法借正。孔钻穿时，把机动进给改为手动进给，并减少进给量。

6）应根据不同的工件材料正确选用切削液。

职业素养提高

1. 5S 管理的内容

1）车间 5S 管理-工具位置摆放规范。

2）车间 5S 管理-工具箱整理规范。

3）车间 5S 管理制度检查表。

4）车间 5S 管理-生产区工作纪律规定。

5）车间 5S 管理-生产区域环境卫生管理。

6）车间 5S 管理-生产车间安全管理。

2. 5S 管理的步骤

（1）整理 日文翻译 SEIRI

定义：区分要与不要的物品，现场只保留必需的物品。

目的：①改善和增加作业面积。②现场无杂物，行道通畅，提高工作效率。③减少磕碰的机会，保障安全，提高质量。④消除管理上的混放、混料等差错事故。⑤有利于减少库存量，节约资金。⑥改变作风，提高工作情绪。

意义：把要与不要的人、事、物分开，再将不需要的人、事、物加以处理，对生产现场的现实摆放和停滞的各种物品进行分类，区分什么是现场需要的，什么是现场不需要的；其次，对于车间里各个工位或设备的前后、通道左右、厂房上下、工具箱内外，以及车间的各个死角，都要彻底搜寻和清理，达到现场无不用之物。

（2）整顿 日文翻译 SEITON。

定义：必需品依规定定位、定方法摆放整齐有序，明确标识。

目的：不浪费时间寻找物品，提高工作效率和产品质量，保障生产安全。

意义：把需要的人、事、物加以定量、定位。通过前一步整理后，对生产现场需要留下的物品进行科学合理的布置和摆放，以便用最快的速度取得所需之物，在最有效的规章、制度和最简洁的流程下完成作业。

要点：①物品摆放要有固定的地点和区域，以便于寻找，消除因混放而造成的差错。②物品摆放地点要科学合理。例如，根据物品使用的频率，经常使用的东西应放得近些（如放在作业区内），偶尔使用或不常使用的东西则应放得远些（如集中放在车间某处）。③物品摆放目视化，使定量装载的物品做到过目知数，摆放不同物品的区域采用不同的色彩和标记加以区别。

（3）清扫 日文翻译 SEISO

定义：清除现场内的脏污，清除作业区域的物料垃圾。

目的：清除脏污，保持现场干净、明亮。

意义：将工作场所的污垢去除，使异常发生源很容易发现，是实施自主保养的第一步，主要在于提高设备移动率。

要点：①自己使用的物品，如设备、工具等，要自己清扫，而不要依赖他人，不增加专门的清扫工。②对设备的清扫，着眼于对设备的维护保养。清扫设备要同设备的点检结合起来，清扫即点检；清扫设备要同时做设备的润滑工作，清扫也是保养。③清扫也是为了改善。当清扫地面发现有飞屑和油水泄漏时，要查明原因，并采取措施加以改进。

（4）清洁 日文翻译 SEIKETSU

定义：将整理、整顿、清扫实施的做法制度化、规范化，维持其成果。

目的：认真维护并坚持整理、整顿、清扫的效果，使其保持最佳状态。

意义：通过对整理、整顿、清扫活动的坚持与深入，消除发生安全事故的根源，创造一个良好的工作环境，使职工能愉快地工作。

要点：①车间环境不仅要整齐，而且要做到清洁卫生，保证工人的身体健康，提高工人的劳动热情。②不仅物品要清洁，而且工人本身也要做到清洁，如工作服要清洁，仪表要整洁，及时理发、刮须、修指甲、洗澡等。③工人不仅要做到形体上的清洁，而且要做到精神上的"清洁"，待人要讲礼貌、要尊重他人。④要使环境不受污染，进一步消除浑浊的空气、粉尘、噪声和污染源，消灭职业病。

（5）素养　日文翻译 SHITSUKE

定义：人人按章操作、依规行事，养成良好的习惯，使每个人都成为有教养的人。

目的：提升人的品质，培养对任何工作都讲究认真的人。

意义：努力提高员工的自身修养，使员工养成良好的工作、生活习惯和作风，让员工能通过实践 5S 获得人生境界的提升，与企业共同进步，这是 5S 活动的核心。

巩固与提高

一、简答题

1. 简述游标卡尺的读数方法。

2. 简述千分尺的读数方法。

3. 简述游标万能角度尺的读数方法。

4. 钳工的常见分类有哪些？

5. 简述钳工的加工特点。

6. 简述钳工的加工范围。

7. 划线按复杂程度不同可分为哪两种类型？

8. 划线工具按用途分为哪四种？

9. 划针盘的作用是什么？

10. 样冲尖端刃磨的角度为多大？

11. 样冲使用时有哪些注意事项？

12. 划线基准的选择原则是什么？

13. 简述划线的操作步骤。

14. 锯削的应用场合有哪些？

15. 锯削时，如何合理地选用不同规格的锯条？

16. 常用锯条锯齿的切削角度有何特点？

17. 安装锯条时，应注意哪些问题？

18. 锯削时，起锯的方法有哪两种？起锯时应注意什么问题？

19. 锯削薄壁管子时，其装夹和锯削方法如何？

20. 锯削薄板时，应如何防止颤动和崩齿？

21. 锉削加工的应用场合有哪些？加工特点如何？

22. 锉刀的种类有哪些？各适用于什么场合？

23. 锉削加工时，如何合理地选用锉刀？

24. 简述锉削加工的规范姿势。

25. 平面锉削时，如何掌握锉刀在推拉过程中的平衡？

26. 平面锉削的方法有几种？各适用于什么场合？

27. 标准麻花钻的切削角度主要有哪些？其前角、后角各有何特点？

28. 标准麻花钻的刃磨要求有哪些？

29. 现有一支 $\phi 12$mm 的直柄麻花钻需要刃磨，试述其刃磨过程。

30. 如何对标准麻花钻进行修磨，以提高其切削性能？

31. 钻孔时，工件的常见装夹形式有哪些？

32. 采用划线方法钻孔时，如何进行纠偏？

33. 标准麻花钻的结构特点如何？

34. 铰刀的种类有哪些？应如何选用？

35. 如何合理地选择铰削余量？

二、选择题

1. 内径千分尺的活动套管转动一格，测微螺杆移动（　　）。
   A. 1mm　　　　B. 0.1mm　　　　C. 0.01mm　　　　D. 0.001mm
2. 常用千分尺测量范围每隔（　　）mm 为一档规格。
   A. 25　　　　　B. 50　　　　　C. 100　　　　　D. 150
3. 千分尺的制造精度主要由它的（　　）来决定。
   A. 刻线精度　　B. 测微螺杆精度　　C. 微分筒精度　　D. 固定套管精度
4. 一般锯削行程应不小于锯条长度的（　　），以延长锯条的使用寿命和提高工作效率。
   A. 1/3　　　　B. 1/2　　　　　C. 2/3　　　　　D. 3/5
5. 加工零件划线时应从（　　）开始。
   A. 中心线　　　B. 基准线　　　C. 设计基准　　　D. 划线基准
6. 分度头的手柄转一周，装在主轴上的工件转（　　）。
   A. 1 周　　　　B. 20 周　　　　C. 40 周　　　　D. 1/40 周
7. 划线时，直径大于 20mm 的圆周线上，应有（　　）个以上冲点。
   A. 四个　　　　B. 六个　　　　C. 八个　　　　D. 十个
8. 一次安装在方箱上的工件，通过方箱翻转，可在工件上划出（　　）互相垂直方向上的尺寸线。
   A. 一个　　　　B. 二个　　　　C. 三个　　　　D. 四个
9. 用划针划线时，针尖要紧靠在（　　）的边沿。
   A. 工件　　　　B. 导向工具　　　C. 平板　　　　D. 直角尺
10. 手锯锯削的速度以每分钟（　　）次为宜。
    A. 10 ~ 20　　B. 20 ~ 40　　　C. 40 ~ 60　　　D. 60 ~ 80
11. 锯条的粗细是以（　　）mm 长度内的齿数表示的。
    A. 15　　　　　B. 20　　　　　C. 25　　　　　D. 30
12. 起锯角为（　　）为宜。
    A. 5° ~ 10°　　B. 10° ~ 15　　C. 15° ~ 20°　　D. 20° ~ 25°
13. 平面锉削分为顺向锉、交叉锉，还有（　　）。
    A. 拉锉法　　　B. 推锉法　　　C. 平锉法　　　D. 立锉法
14. 锉削时，两脚分站立，左、右脚分别与台虎钳中心线成（　　）。
    A. 15°和 15°　　B. 15°和 30°　　C. 30°和 45°　　D. 30°和 75°
15. 锉刀共分三种，有普通锉、异形锉，还有（　　）。
    A. 刀口锉　　　B. 菱形锉　　　C. 整形锉　　　D. 椭圆锉
16. 双齿纹锉刀适用于锉（　　）材料。

A. 软　　　　　B. 硬　　　　　C. 大　　　　　D. 厚

17. 钻头直径大于 13mm 时，柄部一般做成（　　）。

A. 直柄　　　　B. 莫氏锥柄　　　C. 方柄　　　　D. 直柄、锥柄都有

18. 对于标准麻花钻而言，在正交平面内（　　）与基面之间的夹角称为前角。

A. 后面　　　　B. 前面　　　　C. 副后面　　　　D. 切削平面

19. 标准麻钻的后角是在（　　）内后刀面与切削平面之间的夹角。

A. 基面　　　　B. 正交平面　　　C. 柱截面　　　　D. 副后面

20. （　　）的大小影响主切削刃上进给力的大小。

A. 顶角　　　　B. 前角　　　　C. 后角　　　　　D. 横刃斜角

21. 为改善切削性能，修磨标准麻花钻的横刃后，横刃的长度是原来的（　　）。

A. 1/3～1/2　　B. 1/5～1/3　　C. 1/6～1/4　　D. 1/6～1/5

22. 孔深较大时应取（　　）的切削速度。

A. 任意　　　　B. 较大　　　　C. 较小　　　　　D. 中速

23. 切削时切削刃会受到很大的压力和冲击力，因此，刀具必须具备足够的（　　）。

A. 硬度　　　　B. 强度和韧性　　C. 工艺性　　　　D. 耐磨性

三、判断题

1. 划线的作用之一是确定工件的加工余量，使机械加工有明显的加工界限和尺寸界限。
（　　）

2. 找正就是利用划线工具，使工件上有关部位处于合适的位置。　　　　（　　）

3. 划线时涂料只有涂得较厚，才能保证线条清晰。　　　　　　　　　（　　）

4. 划线时，单脚规的两脚尖不用保持在同一平面上。　　　　　　　　（　　）

5. 打样冲眼时，样冲尖对准线条正中。　　　　　　　　　　　　　　（　　）

6. 测量工件时，游标卡尺可以歪斜。　　　　　　　　　　　　　　　（　　）

7. 在游标卡尺上读数时，要尽量避免视线误差。　　　　　　　　　　（　　）

8. 钳工对锯条的选用，主要是针对零件的材质和断面几何形状来选择锯条的齿距。
（　　）

9. 装夹锯条时齿尖向后，松紧适中，能紧则紧。　　　　　　　　　　（　　）

10. 起锯角度要小，一般不超过 15°。　　　　　　　　　　　　　　（　　）

11. 用锉刀锉削工件时，允许用嘴吹锉屑，锉刀放置允许露出钳工台外。　（　　）

12. 不允许用锉刀撬、击东西，防止锉刀折断、碎裂而伤人。　　　　　（　　）

13. 钳工在工作中，经常使用的钻孔工具是中心钻。　　　　　　　　　（　　）

14. 钻孔时，一般都要注入一定量的合适品种的切削液，以提高钻头使用寿命和零件加工质量。　　　　　　　　　　　　　　　　　　　　　　　　　　　　　（　　）

15. 钻孔时，为了安全，必须扎紧衣袖，戴好工作帽，戴好手套进行操作。（　　）

16. 扩孔钻切削比麻花钻切削性能大大改善。　　　　　　　　　　　　（　　）

☞任务评价

零件加工结束后，把学生的表现情况和任务检测结果填入表 2-27。

表 2-27　任务评价表

任务五　加工长方体上腰形孔及端部

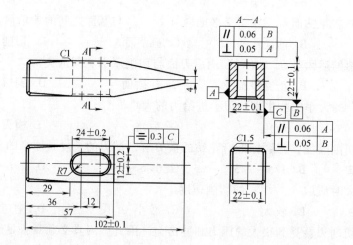

考 核 内 容		分值	自评	互评	教师评价
职业素养	1）协作精神	5			
	2）纪律观念	10			
	3）表达能力	5			
	4）工作态度	5			
理论知识点	1）了解钻床的种类和加工范围	5			
	2）了解钻头的角度和刃磨方法	5			
	3）掌握钻孔的安全注意事项	5			
操作知识点	1）腰形孔对称度公差0.3mm	8			
	2）29mm（4处）	1×4			
	3）24mm±0.2mm	5			
	4）12mm±0.2mm	5			
	5）C1倒角（2处）	1×2			
	6）C1.5倒角（4处）	2×4			
	7）表面粗糙度（9面）	2×9			
	8）安全文明生产	10			
总　　分		100			

评语：

专业和班级		姓名		学号	

指导教师：

　　　　　年　　月　　日

任务总结

我学到的知识点	1) 2) 3) 4)
还需要进一步提高的操作练习（知识点）	1) 2) 3) 4)
存在疑问或不懂的知识点	1) 2) 3) 4)
应注意的问题	1) 2) 3) 4)
其他	1) 2) 3) 4)

项目三　凹凸件锉配

本项目通过凹凸件锉配的练习来介绍相关的锉配工艺知识、操作步骤及操作要点，从而使学生进一步掌握和提高锉配技能。通过本项目的学习和训练，学生应完成图 3-1 所示凹凸件锉配。

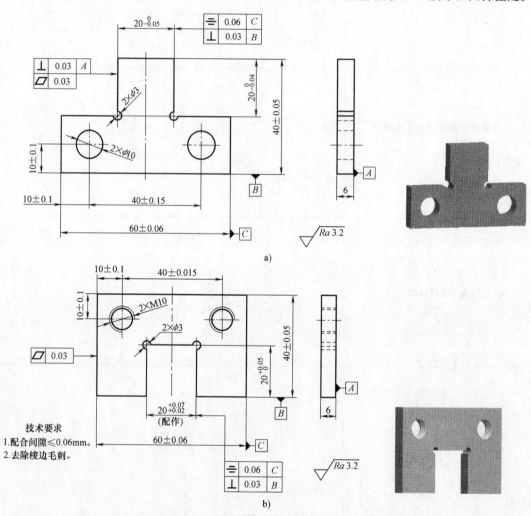

图 3-1　凹凸件锉配

任务一　加工凸形件

学习目标

1. 掌握锉配的一些相关工艺知识。
2. 掌握锉配的一般加工步骤。

技能目标

1. 掌握具有对称度要求工件的划线方法。
2. 初步掌握具有对称度要求的工件加工和测量方法。
3. 熟悉直角小平面的加工方法。
4. 熟练掌握锉、锯、钻的技能，并达到一定的加工精度。
5. 正确地检查和修补各配合面的间隙，并达到锉配要求。

任务描述

图 3-1a 所示为凸形件的图样。本次任务是选择合适的加工工具和量具对钢板进行手工加工，并达到图样要求。在加工过程中将接触到划线、锯削、锉削和钻孔等钳工基本技能。加工中要注意工、量具的正确使用。

任务分析

本任务主要是学习凸形件加工，掌握对称度的测量方法，初步掌握如何加工具有对称度要求的工件，理解配合件的加工工艺。通过本任务学习，培养学生的职业素养，训练学生初步掌握钳工岗位中的锉配技能。

知识准备

一、相关知识

1. 对称度相关概念

（1）对称度误差　指被测表面的对称平面与基准中心平面之间的最大偏移距离 Δ，如图 3-2 所示。

（2）对称度公差带　距离为公差值 t，且相对基准中心平面对称配置的两平行平面之间的区域，如图 3-3 所示。

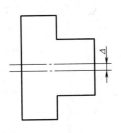

图 3-2　对称度误差

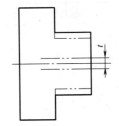

图 3-3　对称度公差带

2. 对称度误差的测量

测量被测表面与基准面的尺寸 A 和 B，其差值的半即为对称度的误差值。对称度误差的测量如图 3-4 所示。

3. 对称度误差对工件互换精度的影响

如果凸、凹件都有对称度误差0.05mm，并且在同方向位置上锉配达到要求间隙后，两侧基准面对齐，如图3-5a所示；调换180°后配合，就会产生两侧面基准面偏位误差，其总差值为0.1mm，如图3-5b所示。

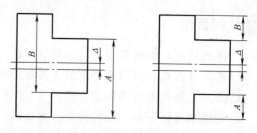

图3-4 对称度误差的测量

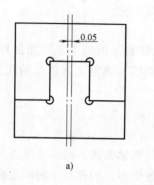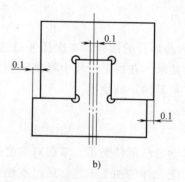

图3-5 对称度误差对工件互换精度的影响

a) 同方向位置的配合　b) 调换后的配合

二、加工准备

工、量具准备清单见表3-1。

表3-1 工、量具准备清单

序号	名　称	规　格	数量	备　注
1	游标高度尺	0 ~ 250mm, 0.02mm	1	
2	游标卡尺	0 ~ 150mm, 0.02mm	1	
3	刀口形直尺	125mm	1	
4	刀口形直角尺	160mm × 100mm	1	
5	钢直尺	150mm	1	
6	锉刀	粗、中、细平锉, 200mm	各1	
7	手锯	300mm	1	
8	锯条	300mm	若干	
9	钻头	φ3mm	1	
10	样冲		1	
11	划针		1	
12	尖錾		1	
13	锤子	1kg	1	
14	软钳口		1	
15	锉刀刷		1	
16	毛刷		1	

任务实施

凸形件加工步骤见表3-2。

表3-2 凸形件加工步骤

加工步骤	加工内容	图 样
1	粗、精锉基准面 B 面,锉平。用刀口形直角尺检验直线度及相对于 A 面的垂直度	
2	锉平 C 面,检验其与 B 面、A 面的垂直度	
3	划线,用游标高度尺划加工线,距 C 面60mm,距 B 面40mm	
4	粗、精锉 C 面的对面,保证尺寸 60mm ± 0.06mm,且与 C 面平行,粗、精锉 B 面的对面,保证尺寸 40mm ± 0.05mm,且与 B 面平行,同时保证与 B 面、A 面垂直	

（续）

加工步骤	加工内容	图　样
5	划线，按图样要求。分别以 B 面、C 面为基准，划出凸形件尺寸线及孔中心线，并打样冲眼	
6	钻孔。钻 2 × ϕ3mm 工艺孔，2 × ϕ10mm 孔	
7	按划线锯去 B 面对面与 C 面之间的一直角。粗、精锉两垂直面，根据 40mm 处的实际尺寸控制 20mm 的尺寸误差，达到 $20_{-0.04}^{\ 0}$ mm 的尺寸要求。同样，根据 60mm 处的实际尺寸控制 40mm 的尺寸误差，保证尺寸 $20_{-0.05}^{\ 0}$ mm，同时保证其对称度在 0.06mm 内	
8	按划线锯去另一垂直角，粗、精锉两垂直面，仍用 40mm 处的实际尺寸控制 20mm 的尺寸误差，达到 $20_{-0.04}^{\ 0}$ mm 的尺寸要求，并保证两处 20mm 相同。对于凸形件的 $20_{-0.04}^{\ 0}$ mm 尺寸要求，可直接测量，同时还要保证各面与 C 面的垂直度	

任务评价

零件加工结束后，把学生的表现情况和任务检测结果填入表3-3。

表3-3　任务评价表

任务一　加工凸形件

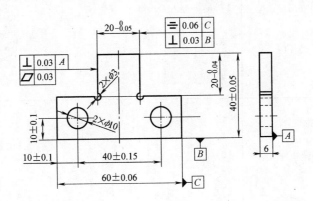

考核内容		分值	自评	互评	教师评价
职业素养	1)协作精神	5			
	2)纪律观念	10			
	3)表达能力	5			
	4)工作态度	5			
理论知识点	1)对称度误差的定义	5			
	2)对称度公差带的定义	5			
	3)对称度误差值的定义	5			
操作知识点	1)$20_{-0.05}^{0}$ mm	5			
	2)$20_{-0.04}^{0}$ mm	5			
	3)40mm±0.05mm	8			
	4)40mm±0.15mm	5			
	5)60mm±0.06mm	5			
	6)10mm±0.1mm(4处)	2×4			
	7)2×φ10mm(2处)	2×2			
	8)平面度公差≤0.03mm(10面)	1×10			
	9)安全文明生产	10			
总　　分		100			

评语：

专业和班级		姓名		学号	

指导教师：　　　　　　　　　　　　　　　　　　　　　　____年__月__日

任务总结

我学到的知识点	1) 2) 3) 4)
还需要进一步提高的操作练习（知识点）	1) 2) 3) 4)
存在疑问或不懂的知识点	1) 2) 3) 4)
应注意的问题	1) 2) 3) 4)
其他	1) 2) 3) 4)

任务二　加工凹形件

学习目标

1. 掌握锉配的一些相关工艺知识。
2. 掌握锉配的一般加工步骤。

技能目标

1. 掌握具有对称度要求工件的划线方法。
2. 初步掌握具有对称度要求的工件加工和测量方法。
3. 熟悉直角小平面的加工方法。
4. 熟练掌握锉、锯、钻、攻螺纹的技能，并达到一定的加工精度。
5. 正确地检查和修补各配合面的间隙，并达到锉配要求。

任务描述

图 3-6 所示为凹形件的图样。本次任务是选择合适的加工工具和量具对钢板进行手工加工，并达到图样要求。在加工过程中将接触到划线、锯削、锉削、钻孔和攻螺纹等钳工基本技能。加工中要注意工、量具的正确使用。

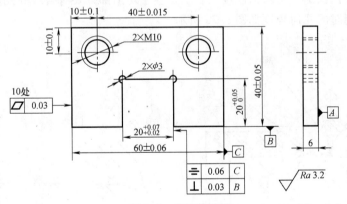

图 3-6　凹形件图样

任务分析

本任务主要是培养学生的职业素养，训练学生初步掌握钳工岗位中的锉配技能。

知识准备

一、工、量具知识

1. 錾子

錾子是錾削中的主要工具。錾子一般用碳素工具钢 T7 、T8 锻制而成，并经淬硬热处理，热处理后硬度可达 56～62HRC。

（1）錾子的种类及应用

錾子的形状是根据工件不同的錾削要求而设计的，钳工常用的錾子有扁錾、尖錾和油槽錾 3 种类型，见表 3-4。

表 3-4　錾子的种类和用途

名　称	图　形	用　途
扁錾		切削部分扁平，刃口略带弧形，用来錾削凸缘、毛刺，以及分割材料，应用最广泛
尖錾（狭錾）		切削刃较短，切削刃两端侧面略带倒锥，防止在錾削沟槽时錾子被槽卡住，主要用于錾削沟槽和分割曲形板料
油槽錾		切削刃很短并呈圆弧形。錾子斜面制成弯曲形，便于在曲面上錾削沟槽，主要用于錾削油槽

（2）錾子的切削角度及选用　錾子切削金属必须具备两个基本条件：一是錾子切削部分材料的硬度，应比被加工材料的硬度大；二是錾子切削部分要有合理的几何角度，主要是楔角。錾子在錾削时的几何角度如图 3-7a 所示。

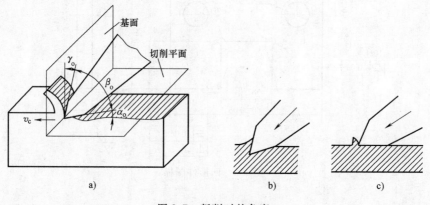

图 3-7　錾削时的角度

1）前角 γ_o。它是前面与基面间的夹角，如图 3-7a 所示。前角大时，被切金属的切屑变形小，切削省力。

2）楔角 β_o。它是前面与后面之间的夹角。楔角越小，錾子刃口越锋利，錾削越省力。但楔角过小，会造成刃口薄弱，錾子强度差，刃口易崩裂；楔角过大时，刀具强度虽好，但錾削很困难，錾削表面也不易平整。因此，錾子的楔角应在其强度允许的情况下，尽可能小些。錾子錾削不同软硬的材料时，对錾子强度的要求不同。因此，錾子楔角主要应该根据工件材料的软硬来选择，见表 3-5。

表 3-5   材料与楔角选用范围

材　料	楔角范围
中碳钢、硬铸铁等硬材料	60° ~ 70°
一般碳素结构钢、合金结构钢等中等硬度材料	50° ~ 60°
低碳钢、铜、铝等软材料	30° ~ 50°

3）后角 α_o。指錾削时錾子后面与基面之间的夹角，它的大小取决于錾子被掌握的方向。錾削时一般取后角 5° ~ 8°。后角太大，使錾子切入材料太深，錾不动，甚至损坏錾子刃口，如图 3-7b 所示；若后角太小，錾子容易从材料表面滑出，不能切入，即使能錾削，由于切入很浅，效率也不高，如图 3-7c 所示。在錾削过程中，应握稳錾子，使后角 α_o 不变，否则将使工件表面錾得高低不平。

由于基面垂直于切削平面，存在 $\alpha_o + \beta_o + \gamma_o = 90°$ 的关系。因此当后角 α_o 一定时，前角 γ_o 由楔角 β_o 的大小来决定。

（3）錾子的刃磨　錾子的楔角大小应与工件的硬度相适应，新锻制的或用钝的錾子，要用砂轮磨锐錾刃。磨削时，其被磨部位必须高于砂轮中心，以防錾子被高速旋转的砂轮带入砂轮架下而引起事故。手握錾子的方法如图 3-8 所示。錾子的刃磨部位主要是前面、后面及侧面。刃磨时，錾子在砂轮的全宽上作左右平行移动，这样既可以保证磨出的表面平整，又能使砂轮磨损均匀。要控制握錾子的方向、位置，保证磨出所需的楔角。刃口两面要交替刃磨，保证同宽，刃面宽为 2 ~ 3mm，如图 3-9 所示，两刃面要对称，刃口要平直。刃磨时，应在砂轮运转平稳后进行。人的身体不准正面对着砂轮，以免发生事故。按錾子的压力不能太大，不能使刃磨部分因温度太高而退火。因此，必须在磨錾子时经常将錾子浸入水中冷却。

图 3-8   刃磨錾子的握法

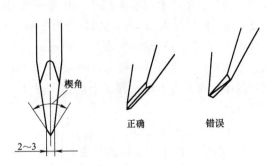

图 3-9   錾子刃磨示意图

2. 锤子

在錾削时是借锤子的锤击力而使錾子切入金属的。锤子不仅是錾削工作中不可缺少的工具，而且还是钳工装拆零件时的重要工具。

锤子一般分为硬锤子和软锤子两种。其中，软锤子有铜锤、铝锤、木锤和硬橡皮锤等，一般用在装配、拆卸零件的过程中；硬锤子由碳钢（T7）淬硬制成。钳工所用的硬锤子有圆头锤子和方头锤子两种，如图 3-10 所示。圆头锤子一般在錾削和装拆零件时使用，方头锤子一般在打样冲眼时使用。

各种锤子均由锤头和锤柄两部分组成。锤子的规格是根据锤头的质量来确定的，钳工所用的硬锤子有 0.25kg、0.5kg、0.75kg、1kg 等（在英制中有 0.5lb、1lb、1.5lb、2lb 等几种）。锤柄的材料一般为坚硬的木材，如胡桃木、檀木等，其长度应根据不同规格的锤头选用，如 0.5kg 的锤子，柄长一般为 350mm。

无论哪一种形式的锤子，锤头上装锤柄的孔都要做成椭圆形的，而且孔的两端比中间大，呈凹鼓形，这样便于装紧。当锤柄装入锤头时，柄中心线与锤头中心线要垂直，且柄的最大椭圆直径方向要与锤头中心线一致。为了紧固不松动，避免锤头脱落，必须用金属楔块（上面刻有反向棱槽）或木楔打入锤柄内加以紧固。金属楔块上的反向棱槽能防止楔块脱落，如图 3-11 所示。

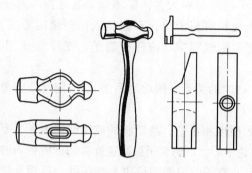

图 3-10　锤子

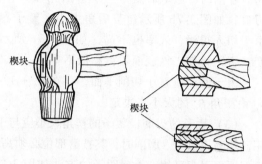

图 3-11　打入楔块的锤柄端部图

3. 塞尺

塞尺是由一组具有不同厚度级差的薄钢片组成的量规，如图 3-12 所示。塞尺用于测量间隙尺寸。在检验被测尺寸是否合格时，可由检验者根据塞尺与被测表面配合的松紧程度来判断。塞尺一般用不锈钢制造，最薄的为 0.02mm，最厚的为 3mm。0.02 ~ 0.1mm 间，各钢片厚度级差为 0.01mm；0.1 ~ 1mm 间，各钢片的厚度级差一般为 0.05mm；自 1mm 以上，钢片的厚度级差为 1mm。除了米制塞尺以外，也有英制的塞尺。

图 3-12　塞尺

（1）塞尺的使用方法

1）用干净的布将塞尺测量表面擦拭干净，不能在塞尺沾有油污或金属屑末的情况下进行测量，否则将影响测量结果的准确性。

2）将塞尺插入被测间隙中，来回拉动塞尺，感到稍有阻力，说明该间隙值接近塞尺上所标出的数值；如果拉动时阻力过大或过小，则说明该间隙值小于或大于塞尺上所标的数值。

3）进行间隙的测量和调整时，先选择符合间隙规定的塞尺并将其插入被测间隙中，然后一边调整，一边拉动塞尺，直到感觉稍有阻力时拧紧锁紧螺母，此时塞尺所标的数值即为被测间隙值。

（2）塞尺使用的注意事项

1）不允许在测量过程中剧烈弯折塞尺，或者用较大的力将塞尺插入被检测间隙，否则会损坏塞尺的测量表面或降低零件表面的精度。

2）使用完毕，应将塞尺擦拭干净，并涂上一薄层工业凡士林，然后将塞尺折回夹框内，以防锈蚀、弯曲、变形。

3）存放时，不能将塞尺放在重物下，以免损坏塞尺。

4. 卡钳

卡钳分内、外卡钳，是测量长度的工具，如图 3-13 所示。其中，外卡钳用于测量圆柱体的外径或物体的长度等，内卡钳用于测量圆柱孔的内径或槽宽等。

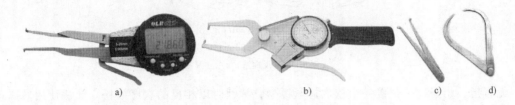

图 3-13 卡钳

a）带表内卡钳 b）带表外卡钳 c）普通内卡钳 d）普通外卡钳

卡钳的使用方法有两种：卡钳在钢直尺上取尺寸法和卡钳测量法。

（1）卡钳在钢直尺上取尺寸方法 外卡钳一个钳脚的测量面靠着钢直尺的端面，另一钳脚的测量面对准所取的尺寸刻线上，且两测量面的连线应与钢直尺平行。使用内卡钳时，其取尺寸方法与外卡钳一样，只是在钢直尺的端面须靠着一个辅助平面，内卡钳的一个钳脚也靠着该平面。

（2）卡钳测量法 用外卡钳测量圆柱的直径时，要使两钳脚测量面的连线垂直于圆柱的中心线，不加外力，靠外卡钳自重滑过圆柱的外圆，这时外卡钳开口尺寸就是圆柱的直径。

用内卡钳测量孔的直径时，要使两钳脚测量面的连线垂直并相交于内孔中心线，测量时一个钳脚靠在孔壁上，另一个钳脚由孔口略偏里面一些逐渐向外测试，并沿孔壁的圆周方向摆动，当摆动的距离最小时，内卡钳的开口尺寸就是内孔直径。

注意：轻敲卡钳的内侧和外侧来调整开口的大小，绝不允许敲击卡钳尖端，以免影响卡钳的准确性。

二、相关知识

1. 錾削相关知识

（1）錾削概念 錾削是利用锤子敲击錾子对工件进行切削加工的一种操作。

（2）錾削注意事项 錾削时，眼睛注视切削部位，右手出锤时应从肩部（臂挥时）出锤，且保证出锤力量一致。要经常对錾子进行刃磨，保持錾子锋利。

（3）錾子的握法 錾削就是使用锤子敲击錾子的顶部，通过錾子下部的切削刃将毛坯上的余量去除。由于錾削方式和工件的加工部位不同，所以手握錾子和挥锤的方法也有区别。图 3-14 所示为錾削时三种不同的握錾方法，正握法如图 3-14a 所示，錾削较大平面和在台虎钳上錾削工件时常采用这种握法；反握法如图 3-14b 所示，錾削工件的侧面和进行较小加工余量錾削时，常采用这种握法；立握法如图 3-14c 所示，由上向下錾削板料和小平面时，多使用这种握法。

（4）锤子的握法 锤子的握法分紧握法和松握法两种。紧握法如图 3-15a 所示，用右手食指、中指、无名指和小指紧握锤柄，锤柄伸出 15～30mm，大拇指压在食指上。松握法如图 3-15b 所示，只有大拇指和食指始终握紧锤柄。锤击过程中，当锤子打向錾子时，中

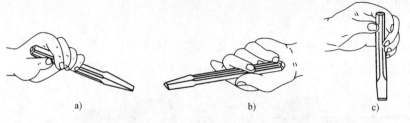

图 3-14　錾子的握法

a）正握法　b）反握法　c）立握法

指、无名指、小拇指一个接一个依次握紧锤柄，挥锤时以相反的次序放松。此法使用熟练可增加锤击力。

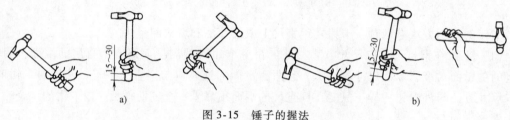

图 3-15　锤子的握法

a）紧握法　b）松握法

（5）挥锤方法　挥锤的方法有手挥、肘挥和臂挥三种。手挥只有手腕的运动，锤击力小，一般用于錾削的开始和结尾。錾削油槽时，由于切削余量不大，也常用手挥。肘挥是用腕和肘一起挥锤，如图 3-16a 所示，肘挥锤击力较大，应用最广泛。臂挥是用手腕、肘和全臂一起挥锤，如图 3-16b 所示，臂挥锤击力最大，用于需要大力錾削的场合。

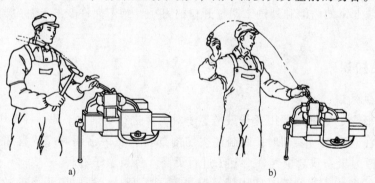

图 3-16　挥锤方法示意图

a）肘挥　b）臂挥

（6）錾削姿势　錾削时，两脚互成 45°（左脚 30°，右脚 75°），左脚跨前半步（250～300mm），右脚稍微朝后，如图 3-17 所示，身体自然站立，重心偏于右脚。右脚要站稳，右腿伸直，左腿膝关节应稍微自然弯曲。眼睛注视錾削处，以便观察錾削的情况，而不应注视锤击处。左手握錾，使其在工件上保持正确的角度，右手挥锤，使锤头沿弧线运动，进行敲击，如图 3-17 所示。

（7）錾削不同零件的方法

1）錾削平面。錾削平面主要使用扁錾，起錾时，一般从工件的边缘尖角处着手，称为斜角起錾，如图 3-18a 所示。从尖角处起錾时，由于切削刃与工件的接触面小，故阻力小，只需轻敲，錾子即能切入材料。当需要从工件的中间部位起錾时，錾子的切削刃要抵紧起錾部位，錾子头部向下倾斜，使錾子与工件起錾端面基本垂直，如图 3-18b 所示，然后再轻敲錾子，这样能够比较容易地完成起錾工作。这种起錾方法称为正面起錾。

当錾削快到尽头时，必须调头錾削余下的部分，否则极易使工件的边缘崩裂，如图 3-19a 所示。图 3-19b 所示为正确的方法。当錾削大平面时，一般应先用尖錾间隔开槽，再用扁錾錾去剩余部分，如图 3-20 所示。錾削小平面时，一般采用扁錾，使切削刃与錾削方向倾斜一定的角度，如图 3-21 所示，目的是錾子容易稳

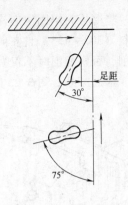

图 3-17 錾削时双脚的位置

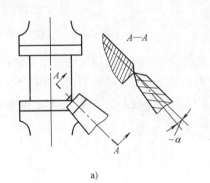 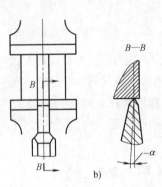

图 3-18 起錾示意图

a）斜角起錾 b）正面起錾

定住，防止錾子左右晃动而使錾出的表面不平。

錾削余量一般为 0.5～2mm。余量太小，錾子易滑出，而余量太大又使錾削太费力，且不易将工件表面錾平。

2）錾削板料。在没有剪切设备的情况下，可用錾削的方法分割薄板料或薄板工件，常见的有以下几种情况。

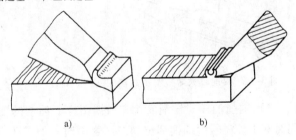

图 3-19 终錾示意图

a）错误 b）正确

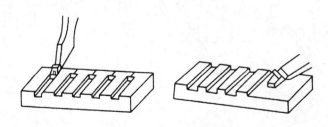

图 3-20 錾削大平面示意图

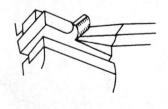

图 3-21 錾削小平面示意图

将薄板料牢固地夹持在台虎钳上，錾削线与钳口平齐，然后用扁錾沿着钳口并斜对着薄板料（30°~45°）自右向左錾削，如图 3-22 所示。錾削时，錾子的刃口不能平对着薄板料錾削，否则錾削时不仅费力，而且由于薄板料的弹动和变形，造成切断处产生不平整或撕裂，形成废品。图 3-23 所示为错误錾削薄板料的方法。

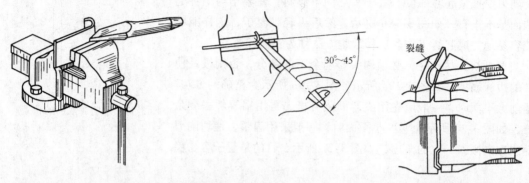

图 3-22　薄板料錾削示意图　　　　　　　　图 3-23　错误錾削薄板料示意图

錾削较大薄板料时，当薄板料不能在台虎钳上进行錾削时，可用软钳铁垫在铁砧或平板上，然后从一侧沿錾削线（必要时留距錾削线 2mm 左右作加工余量）进行錾削，如图 3-24 所示。

錾削轮廓形状较为复杂的薄板工件时，为了减少工件变形，一般先按轮廓线钻出密集的排孔，然后利用扁錾、尖錾逐步錾削，如图 3-25 所示。

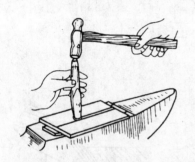 

图 3-24　錾削较大薄板料示意图　　　图 3-25　錾削轮廓形状较为复杂的薄板工件示意图

3）錾削油槽。錾削前首先根据图样上油槽的断面形状、尺寸刃磨好油槽錾的切削部分，同时在工件需錾削油槽部位划线。錾削时，如图 3-26 所示，錾子的倾斜角度需随着曲面而变动，保持錾削时后角不变。此法錾出的油槽光滑且深浅一致。錾削结束后，修光槽边的毛刺。

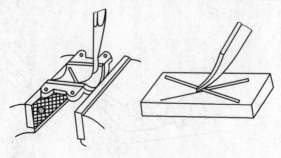

图 3-26　錾削油槽

（8）錾削安全注意事项

1）防止锤头飞出，要经常检查木柄是否松动或损坏，以便及时进行调整或更换。

2）操作者不准戴手套，锤柄上不能有油等，以防锤子滑出伤人。

3）要及时磨掉錾子头部的毛刺，以防毛刺划手。

4）錾子头部不应淬得太硬，以防敲碎铁块而伤手。

5）錾削过程中，为防止切屑飞出伤人，操作者应戴防护眼镜，工作地周围应设置安全网。

6）要经常对錾子进行刃磨，保持正确的楔角、后角和前角。

7）錾削时，眼睛要注视切削部位，以防錾坏工件。

2. 锉配相关知识

锉配是综合运用钳工基本操作技能和测量技术，使工件达到规定的形状和尺寸要求，最终正确配合的操作。锉配较客观地反映了操作者掌握基本操作技能和测量的能力和熟练程度，并有利于提高操作者分析、判断、综合处理问题的能力。

（1）锉配的应用 锉配应用十分广泛，日常生活中的配钥匙，工业生产中的配件制作，各种样板制作，专用检测、各种注塑、冲裁模具的制造，装配、调试、修理等都离不开锉配。

由于锉配应用广泛，灵活、熟练掌握锉配技能，具有十分重要的意义。

（2）锉配的类型

1）按配合形式的不同锉配可分为：平面锉配、角度锉配、圆弧锉配和上述三种锉配形式组合在一起的混合锉配。

2）按配合方向的不同锉配可分为以下几种：

① 对配——锉配件可以面对面地修锉配合，一般多为对称件，要求翻转配合、正反配合均能达到配合要求，如图 3-27 所示。

② 镶配——像燕尾槽一样，只能从材料的一个方向插进去，一般要求翻转配合、正反配合均能达到配合要求，如图 3-28 所示。

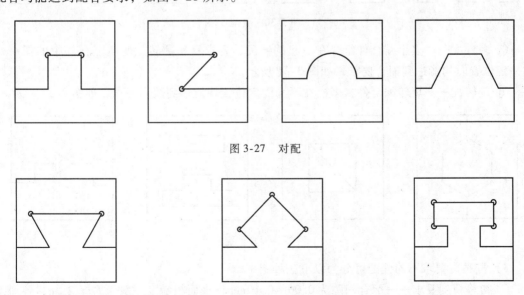

图 3-27　对配

图 3-28　镶配

③ 嵌配（镶嵌）——是把工件嵌装在封闭的形体内的锉配，一般要求多方位多次翻转配合均能达到配合要求，如图3-29所示。

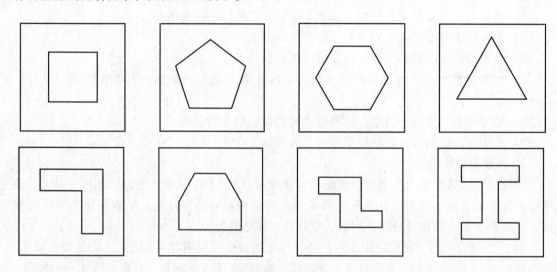

图3-29　嵌配

④ 盲配（暗配）——对称，为不许对配与互配的锉配。由他人在检查时锯下，判断配合是否达到规定要求，如图3-30所示。

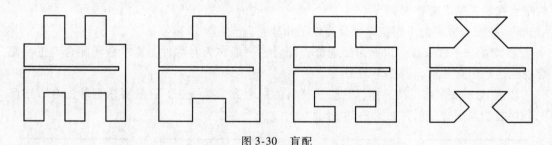

图3-30　盲配

⑤ 多件配——多个配合件组合在一起的锉配，要求互相翻转、变换配合件中的任一件的一定位置时均能达到配合要求，如图3-31所示。

⑥ 旋转配——旋转配合件，多次在不同固定位置均能达到配合要求，如图3-32所示。

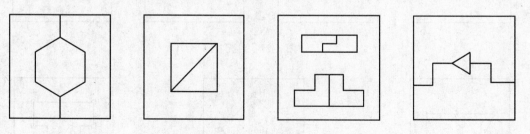

图3-31　多件配

3）按精度要求不同锉配可分为以下三种：

① 初等精度要求——配合间隙为0.06~0.10mm，表面粗糙度一般为$Ra3.2\mu m$，各加工面平行度、垂直度公差均小于或等于0.04~0.06mm。

② 中等精度要求——配合间隙为 0.04 ~ 0.06mm，表面粗糙度一般为 $Ra1.6\mu m$，各加工面平行度、垂直度公差均小于或等于0.02 ~ 0.04mm。

③ 高等精度要求——配合间隙为 0.02 ~ 0.04mm，表面粗糙度值一般为 $Ra0.8\mu m$，各加工面平行度、垂直度公差均小于或等于 0.02mm。

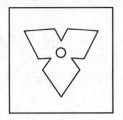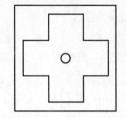

图 3-32 旋转配

4）按复杂程度锉配可分为以下三种：

① 简单锉配——由两个工件配合，初等精度要求，单件配合面在 5 个以下的锉配。

② 复杂锉配——混合式锉配，中等精度要求，单件配合面在 5 个以上。

③ 精密锉配——多级混合式锉配，高精度要求，单件配合面在 10 个以上。

（3）锉配的一般原则

1）先加工凸形件，后加工凹形件。

2）对于对称性零件，先加工其一侧，以利于间接测量。

3）按中间公差加工。

4）最小误差原则。为保证获得较高的锉配精度，应选择有关的外表面作为划线和测量的基准。因此，基准面应达到最小几何公差要求。

5）在标准量具不便或不能测量的情况下，先制作辅助检测器具，或者采用间接测量的方法。

6）综合兼顾、勤测、慎修，逐渐达到配合要求。

（4）锉配的注意事项

1）循序渐进，忌急于求成。锉配是一项综合操作技能，涉及工艺、数学、材料、制图、公差等多学科知识，且要运用划线、钻孔、锯削、錾削、测量等多项基本操作技能。因此，在制作锉配件时不能急于求成，而要循序渐进，从易到难，从简单锉配到复杂锉配，从初等精度要求开始，逐渐过渡到中等精度要求，一步一步做下去。要先打好基础，熟练制作常见锉配件，从而了解和掌握典型锉配件的加工工艺特点和锉配方法，逐渐积累经验，熟练掌握技能和技巧。具体到每一个题型，切忌求快而不求好，在好的基础上，再提高速度。

2）精益求精，忌粗制滥造。每种类型的锉配都有不同的加工方法和要求，这无疑是一次挑战，操作者要勇于面对挑战，并用认真的态度、精益求精的精神去做好。在锉配中不能仅仅满足于达到题型的外形要求而粗制滥造，间隙过大，而是应努力达到规定和锉配的要求，避免只有形没有样（精度）。

3）勤于总结，莫苛求完美。开始练习锉配件制作时，可能有些尺寸达不到要求，关键是要从失败中找到原因，吸取教训，既要精益求精，又不必苛求完美无缺。综合兼顾是学习锉配应注意的一个重要问题。

3. 攻螺纹和套螺纹

（1）攻螺纹　用丝锥在工件孔中切削出内螺纹的加工方法称为攻螺纹。单件小批生产中采用手动攻螺纹，大批量生产中则多采用机动（在车床或钻床上）攻螺纹。

1）攻螺纹工具：包括丝锥和铰杠。丝锥是钳工加工内螺纹的工具，分手用丝锥和机用丝锥两种，并有粗牙和细牙之分。手用丝锥一般用合金工具钢或轴承钢制造，机用丝锥都用高速钢制造。

如图 3-33 所示，丝锥由工作部分和柄部两部分组成，柄部有方榫，用来传递转矩，工作部分由切削部分和校准部分组成。

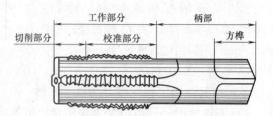

切削部分担负主要切削工作。切削部分沿轴向开有几条容屑槽，形成切削刃和前角，同时能容纳切屑。在切削部分前端磨出锥角，使切削负荷分布在几个刀齿上，从而使切削省力，刀齿受力均匀，不易崩刃或折断，丝锥也容易正确切入。

图 3-33　丝锥的构造

校准部分有完整的齿形，用来校准已切出的螺纹，并保证丝锥沿轴向运动，丝锥校准部分有 (0.05~0.12)mm/100mm 的倒锥，以减小与螺孔的摩擦。

丝锥校准部分的前角 $\gamma_0 = 8° \sim 10°$，为了适应不同的工件材料，前角可在必要时作适当增减。切削部分的锥面上磨有后角，手用丝锥 $\alpha_0 = 6° \sim 8°$，机用丝锥 $\alpha_0 = 10° \sim 12°$，齿侧没有后角。手用丝锥的校准部分没有后角；M12 以上的机用丝锥有很小的后角。

对于手用丝锥，为了减少攻螺纹时的切削力和提高丝锥的使用寿命，将攻螺纹时的整个切削量分配给几支丝锥。对于粗牙丝锥，M6~M24 的丝锥一套有 2 支，M6 以下及 M24 以上的丝锥一套有 3 支。这是因为丝锥越小越容易折断，所以 M6 以下丝锥一套备有 3 支；大的丝锥切削负荷很大，需分几支逐步切削，所以 M24 以上丝锥也备有 3 支一套。对于细牙丝锥，不论其大小均为 2 支一套。

铰杠是用来夹持丝锥柄部方榫，带动丝锥旋转切削的工具。铰杠有普通铰杠和丁字铰杠两类，各类铰杠又分为固定式和活络式两种，如图 3-34 所示。

固定铰杠的方孔尺寸与导板的长度应符合一定的规格，使丝锥受力不致过大，以防折断，一般在攻 M5 以下螺纹时使用。活络铰杠的方孔尺寸可以调节，故应用广泛。活络铰杠的规格以其长度表示，使用时根据丝锥尺寸大小来合理选用。

丁字铰杠则在攻工件台阶旁边或攻机体内部的螺孔时使用，活络丁字铰杠是通过一个四爪的弹簧夹头来夹持不同尺寸的丝锥，一般用于夹持 M6 以下丝锥，大尺寸的丝锥一般用固定式丁字铰杠，通常是按需要制成专用的。

2）攻螺纹的注意事项

① 用丝锥攻螺纹时，两手用力要均匀，并经常倒转半圈左右，这样有利于排屑，也可避免因切屑堵塞而损坏或折断丝锥。

② 为了提高螺纹质量和减小摩擦，攻螺纹时一般应加润滑油。在钢料上攻螺纹可加机油或煤油；在铸铁材料上攻螺纹一般不加润滑油，但若螺纹表面质量要求较高，则应适当加些煤油。

③ 攻不通孔螺纹时，应在丝锥上做好标记，以防攻到尺寸深度后再强行攻入，致使丝锥折断。

3）确定螺纹底孔直径。用丝锥加工螺纹时，螺纹底孔直径应大于螺纹小径，否则就会

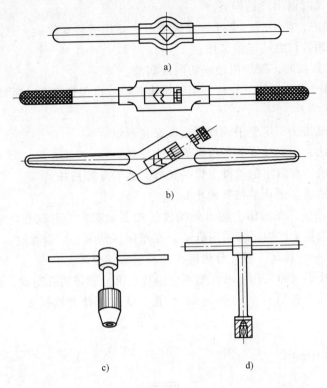

图 3-34　铰杠

a) 固定铰杠　b) 活络铰杠　c) 活络丁字铰杠　d) 丁字铰杠

将丝锥扎住或挤断。底孔直径的大小要根据工件的材料、螺纹直径大小来确定。

钢和其他塑性大的材料，扩张量中等时，螺纹底孔直径

$$d_0 = D - P$$

式中　　d_0——底孔直径；

　　　　D——螺纹大径；

　　　　P——螺距。

铸铁和其他塑性小的材料，扩张量较小时，螺纹底孔直径

$$d_0 = D - (1.05 \sim 1.1)P$$

攻不通孔螺纹时，钻孔深度要大于螺纹孔的深度，一般增加 $0.7D$ 的深度（D 为螺纹大径）。

4）攻螺纹的步骤。

① 攻螺纹前，工件在台虎钳上装夹牢固，并在底孔孔口处倒角，其直径略大于螺纹小径。

② 开始攻螺纹时，应将丝锥放正，用力要适当。

③ 当旋入 1~2 圈时，要仔细观察和校正丝锥的轴线方向，要边工作、边检查、边校准。当旋入 3~4 圈时，丝锥的位置应正确无误，转动铰杠，丝锥将自然攻入工件，绝不能对丝锥施加压力，否则将使螺纹牙型损坏。

④ 工作中，丝锥每转 1/2~1 圈时，丝锥要倒转 1/2 圈，将切屑切断并挤出，尤其是攻

不通孔螺纹时，要及时退出丝锥排屑。

⑤ 攻螺纹过程中，换用后一支丝锥攻螺纹时，要用手将丝锥旋入已攻出螺纹中，至不能再旋入时，再改用铰杠夹持丝锥工作。

⑥ 在塑料上攻螺纹时，要加机油或切削液润滑。

⑦ 将丝锥推出时，最好卸下铰杠，用手旋出丝锥，以保证螺孔的质量。

5）取断丝锥的方法。

方法一：反向敲击法，用錾子或冲子反向敲击丝锥。

方法二：反转法，用钢丝插入丝锥排屑槽中反转。

方法三：焊接法，在露出的丝锥上焊一长杆，然后反转长杆。

方法四：退火钻法（退火后钻孔取出）。

（2）套螺纹　用板牙在圆棒上切出外螺纹的加工方法称为套螺纹。单件小批生产中采用手动套螺纹，大批量生产中则多采用机动（在车床或钻床上）套螺纹。

1）套螺纹工具——板牙　板牙分为圆板牙和管螺纹板牙。

圆板牙是加工外螺纹的工具，由切削部分、校准部分和排屑孔组成，其外形像一个圆螺母，在它上面钻有几个排屑孔（一般 3～8 个孔，螺纹直径大则孔多）形成切削刃，如图 3-35 所示。

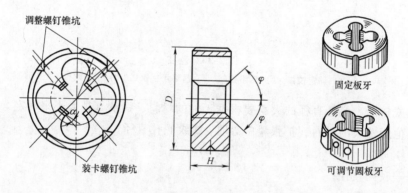

图 3-35　圆板牙

圆板牙两端的锥角部分是切削部分。切削部分不是圆锥面（圆锥面的刀齿后角 $\alpha_o = 0°$），而是铲磨而成的阿基米德螺旋面，形成后角 $\alpha = 7°～9°$。

锥角的大小一般为 $\varphi = 20°～25°(2\varphi = 40°～50°)$。

圆板牙的前刀面就是圆孔的部分曲线，故前角数值沿着切削刃而变化，如图 3-36 所示。在小径处前角 γ_d 最大，大径处前角 γ_{do} 最小。一般 $\gamma_{do} = 8°～12°$，粗牙 $\gamma_d = 30°～35°$，细牙 $\gamma_d = 25°～30°$。

板牙的中间一段是校准部分，也是套螺纹时的导向部分。

管螺纹板牙分圆柱管螺纹板牙和圆锥管螺纹板牙。圆柱管螺纹板牙的结构与圆板牙相仿。圆锥管螺纹板牙的基本结构也与圆板牙相仿，如图 3-37 所示，但在单面制成切削锥，只能单面使用。圆锥管螺纹板牙所有切削刃均参加切削，所以切削时很费力。板牙的切削长度影响圆锥管螺纹牙型尺寸，因此套螺纹时要经常检查，不能使切削长度超过太多，相配件旋入后能满足要求即可。

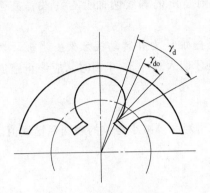

图 3-36　圆板牙的前角

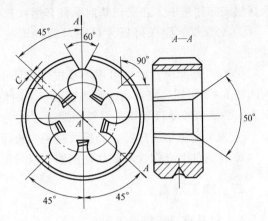

图 3-37　圆锥管螺纹板牙

2）辅助工具板牙架是手工套螺纹时的辅助工具，如图 3-38 所示。板牙架外圆旋有四只紧定螺钉和一只调整螺钉。使用时，紧定螺钉将板牙紧固在板牙架中，并传递套螺纹的转矩。当使用的圆板牙带有 V 形调整通槽时，通过调节上面两只紧定螺钉和调整螺钉，可使板牙在一定范围内变动。

3）套螺纹的注意事项。

① 板牙端面应与圆杆轴线垂直，以防螺纹歪斜。

② 开始套入时，应适当加以轴向压力，切入 2～3 牙后不再用压力，使板牙旋转，自然切入，以免损坏螺纹和板牙。

③ 套螺纹过程中要经常反转，以便断屑和排屑。

④ 一般应加切削液，以提高套螺纹质量和延长板牙的使用寿命。

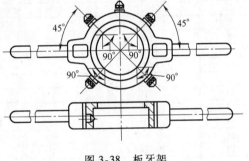

图 3-38　板牙架

4）圆杆直径的确定。套螺纹前圆杆直径的确定方法与用丝锥攻螺纹时螺纹底孔直径的确定方法一样。用板牙在工件上套螺纹时，材料同样因受到挤压而变形，牙顶将被挤高一些。因此圆杆直径应稍小于螺纹大径的尺寸。圆杆直径可根据螺纹直径和材料的性质查表选择。一般硬质材料圆杆直径可大些，软质材料圆杆直径可稍小些。

套螺纹圆杆直径也可用经验公式来确定，即

$$d_{杆} = d - 0.13P$$

式中　$d_{杆}$——套螺纹前圆杆直径（mm）；

　　　d——螺纹大径（mm）；

　　　P——螺距（mm）。

5）套螺纹的方法。

① 为使板牙容易对准工件和切入工件，圆杆端都要倒成斜度为 15°的锥体。锥体的最小直径可以略小于螺纹小径，使切出的螺纹端部避免出现锋口和卷边而影响螺母的拧入。

② 为了防止圆杆夹持出现偏斜和夹出痕迹，圆杆应装夹在用硬木制成的 V 形钳口或软

金属制成的衬垫中，在夹衬垫时圆杆套螺纹部分离钳口要尽量近。

③ 套螺纹时应保持板牙端面与圆杆轴线垂直，否则套出的螺纹两面会有深浅，甚至乱扣。

④ 在开始套螺纹时，可用手掌按住板牙中心，适当施加压力并转动板牙架。当板牙切入圆杆 1~2 圈时，应目测检查和校正板牙的位置。当板牙切入圆杆 3~4 圈时，应停止施加压力，平稳地转动板牙架，靠板牙螺纹自然旋进套螺纹。

⑤ 为了避免切屑过长，套螺纹过程中板牙应经常倒转。

⑥ 在钢件上套螺纹时要加切削液，以延长板牙的使用寿命，减小螺纹的表面粗糙度值。

二、加工准备

工、量具准备清单见表 3-6。

表 3-6　工、量具准备清单

序号	名　称	规　格	数量	备注
1	游标高度尺	0~250mm, 0.02mm	1	
2	游标卡尺	0~150mm, 0.02mm	1	
3	刀口形直尺	125mm	1	
4	刀口形直角尺	160mm×100mm	1	
5	钢直尺	150mm	1	
6	锉刀	粗扁锉250mm、中、细扁锉200mm	各1	
7	塞尺	0.02~1mm	1	
8	手锯	300mm	1	
9	锯条	300mm	若干	
10	钻头	φ3mm, φ8.5mm	各1	
11	丝锥	M10	1	
12	样冲		1	
13	划针		1	
14	尖錾		1	
15	锤子	1kg	1	
16	软钳口		1	
17	锉刀刷		1	
18	毛刷		1	

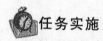 任务实施

一、凹形件加工步骤

凹形件加工步骤见表 3-7。

表 3-7　凹形件加工步骤

加工步骤	加工内容	图样
1	粗、精锉基准面 B 面，锉平。用刀口形直角尺检验直线度及相对于 A 面的垂直度	

（续）

加工步骤	加工内容	图样
2	锉平 C 面,检验其与 B 面、A 面的垂直度	
3	划线,用游标高度尺分别划距 C 面 60mm,距 B 面 40mm 的加工线	
4	粗、精锉 C 面的对面,保证尺寸 60mm ± 0.06mm,且与 C 面平行,粗、精锉 B 面的对面,保证尺寸 40mm ± 0.05mm,且与 B 面平行,同时保证其与 C 面、A 面的垂直度	
5	划线,按图样要求。分别以 B 面、C 面为基准划出凹形件尺寸线及孔中心线,并打样冲眼	
6	钻 $2 \times \phi 3$mm 工艺孔,根据线条用钻头钻排孔	

（续）

加工步骤	加工内容	图样
7	锯除凹形件多余部分，留锉削余量	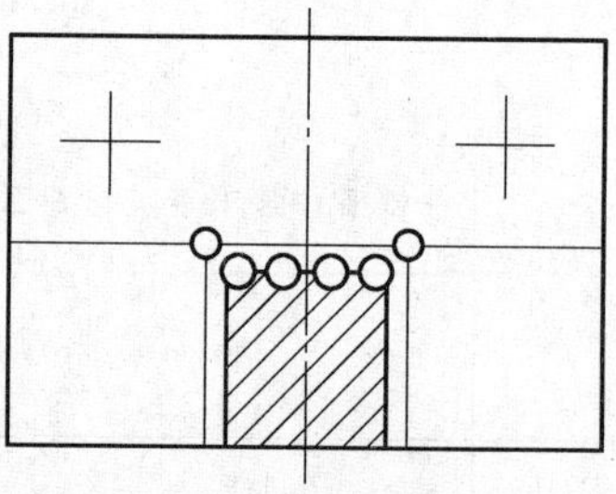
8	粗、精锉主接触线条（余量为 0.1～0.2mm）。精锉凹形件顶端面，根据 40mm 处的实际尺寸，通过控制 20mm 的尺寸误差值，从而保证达到与凸形件端面的配合精度要求。精锉两侧垂直面，两面同样根据外形 60mm 的实际尺寸和凹形面 20mm 的尺寸，以 B 面为基准，通过控制 20mm 的误差值，从而保证达到与凸形面 20mm 的配合精度要求	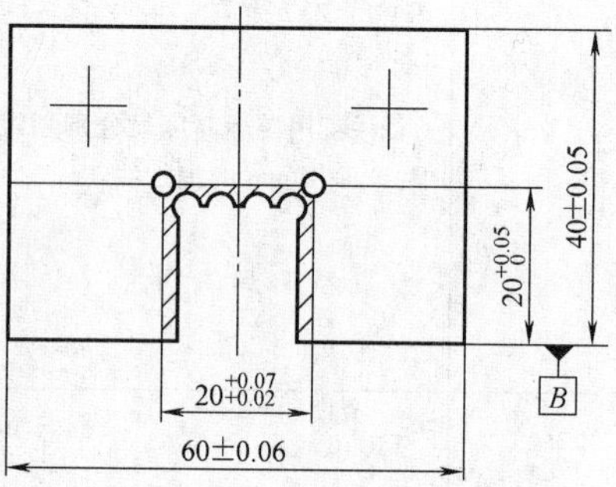 40±0.05　20$^{+0.05}_{0}$　20$^{+0.07}_{+0.02}$　60±0.06　B
9	以凸形件为基准，检查两件配合的间隙及松紧。如出现局部凸点，锉修凹形件	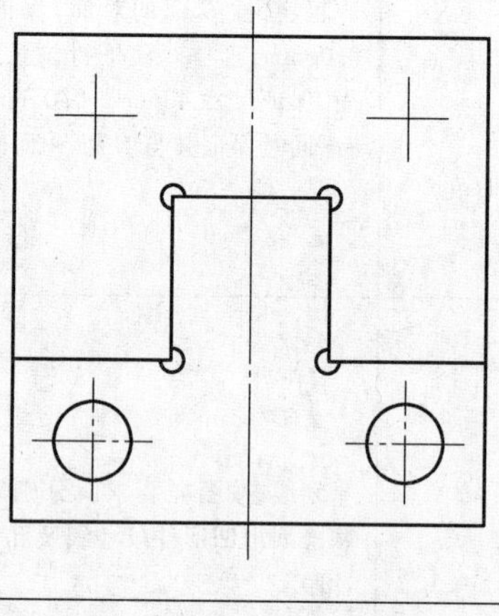
10	钻两个底孔 φ6mm，用麻花钻将螺纹底孔扩至 φ8.5mm，孔口倒角，攻螺纹 M10×1.5mm	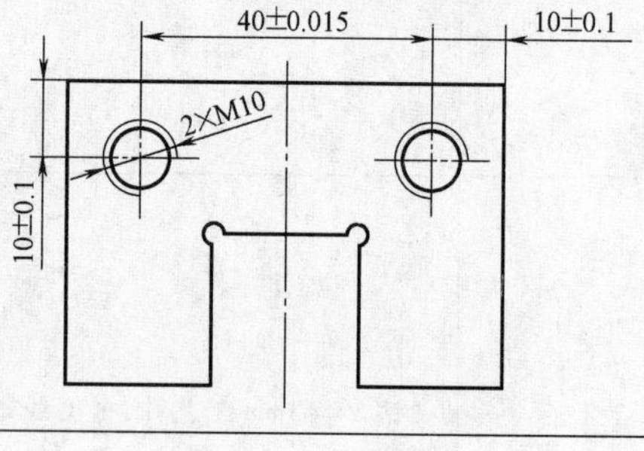 40±0.015　10±0.1　10±0.1　2×M10
11	锐边倒角，修光，自检，打标记后交检	

二、教师点拨

肘收臂提举锤过肩，手腕后弓三指微松；

锤面朝天稍停瞬间，目视錾刃肘臂齐下；

收紧三指手腕加劲，锤錾一线行走弧形；

左脚着力右脚伸直，动作协调稳准狠快。

职业素养提高

1. 5S 管理的原则

常组织、常整顿、常清洁、常规范、常自律。

整理：区分物品的用途，清除多余的东西。

整顿：物品分区放置，明确标识，方便取用。

清扫：清除垃圾和污秽，防止污染。

清洁：环境洁净制定标准，形成制度。

素养：养成良好习惯，提升人格修养。

2. 5S 管理的效用

5S 管理的五大效用可归纳为 5 个 "S"，即 SAFETY（安全）、SALES（销售）、STANDARDIZATION（标准化）、SATISFACTION（客户满意）、SAVING（节约）。

1）确保安全（SAFETY）。通过推行 5S，企业往往可以避免因漏油而引起的火灾或滑倒，因不遵守安全规则导致的各类事故、故障的发生，因灰尘或油污所引起的公害等，因而能使安全生产得到落实。

2）扩大销售（SALES）。5S 是 "一名" 很好的 "业务员"，拥有一个清洁、整齐、安全、舒适的环境，一支良好素养的员工队伍的企业，常常更能获得客户的信赖。

3）标准化（STANDARDIZATION）。通过推行 5S，在企业内部养成遵守标准的习惯，使得各项活动、作业均按标准的要求运行，结果符合计划的安排，为提供稳定的质量打下基础。

4）客户满意（SATISFACTION）。由于灰尘、毛发、油污等杂质经常造成加工精度的降低，甚至直接影响产品的质量。而推行 5S 后，清扫、清洁得到保证，产品在一个卫生状况良好的环境下生产、保管，直至交付客户，质量得以稳定。

5）节约（SAVING）。通过推行 5S，一方面减少了生产的辅助时间，提升了工作效率；另一方面因降低了设备的故障率，提高了设备使用效率，从而可降低一定的生产成本，可谓 "5S 是一位节约者"。

巩固与提高

一、简答题

1. 钳工常用的錾子的种类有哪几种？各适用于什么场合？

2. 錾子的切削角度有哪些？如何确定錾子合理的切削角度？

3. 简述錾子的刃磨。

4. 錾削时，挥锤的方式有哪几种？各有何特点？

5. 錾削一般平面时，起錾和终錾各应注意什么问题？

6. 薄板料錾切的方法有哪几种？

7. 如何在轴瓦的内表面錾削油槽？

8. 简述錾削的安全注意事项。

9. 分别在钢料和铸铁上攻 M16 和 M12×1 螺纹，试确定攻螺纹前钻底孔的钻头直径。

10. 试述丝锥的各部分名称、结构特点及作用。

11. 试述攻螺纹的工作要点。

12. 简述套螺纹的注意事项。

13. 套螺纹时圆杆端部倒角有何作用？套螺纹前圆杆直径是否等于螺纹大径？为什么？

14. 什么是铰杠？有哪几种类型？各有何作用？

15. 简述取断丝锥的方法。

16. 试述不通孔螺纹攻制的操作要点。

二、选择题

1. 錾削时，眼睛的视线要对着（　　）。
A. 工件的錾削部位　　　B. 錾子头部　　　C. 锤头　　　D. 手

2. 錾子的前面与后面之间夹角称为（　　）。
A. 前角　　　B. 后角　　　C. 楔角　　　D. 副后角

3. 錾削硬钢或铸铁等硬材料时，楔角取（　　）。
A. 30°~50°　　　B. 50°~60°　　　C. 60°~70°　　　D. 70°~90°

4. 錾削铜、铝等软材料时，楔角取（　　）。
A. 30°~50°　　　B. 50°~60°　　　C. 60°~70°　　　D. 70°~90°

5. 套螺纹时，圆杆直径的计算公式为 $d_{杆}=d-0.13P$，式中 P 指的是（　　）。
A. 螺纹中径　　　B. 螺纹小径　　　C. 螺纹大径　　　D. 螺距

6. 攻螺纹时要确定底孔直径的大小，应根据工件的（　　）、螺纹直径的大小来考虑。
A. 大小　　　B. 螺纹深度　　　C. 重量　　　D. 材料性质

7. 在套螺纹过程中，材料受（　　）作用而变形，使牙顶变高。
A. 弯曲　　　B. 挤压　　　C. 剪刀　　　D. 扭转

8. 三角形螺纹主要用于（　　）。
A. 联接件　　　　　　　　　　B. 传递运动
C. 承受单向压力　　　　　　　D. 圆管的联接

9. 普通螺纹的牙型角为（　　）。
A. 5°　　　B. 60°　　　C. 55°或60°　　　D. 75°

10. 常用螺纹按（　　）可分为三角形螺纹、方形螺纹、矩形螺纹、半圆螺纹和锯齿形螺纹等。
A. 螺纹的用途　　　　　　　　B. 螺纹轴向剖面内的形状
C. 螺纹的受力方式　　　　　　D. 螺纹在横向剖面内的形状

11. （　　）由于螺距小螺旋升角小自锁性好，除用于承受冲击震动或变载的连接外，还用于调整机构。
A. 粗牙螺纹　　　B. 管螺纹　　　C. 细牙螺纹　　　D. 矩形螺纹

三、判断题

1. 用錾子錾削工件时，錾削余量以选取0.2~0.5mm为宜。（　　）
2. 一次錾削余量太多，不会造成錾子损坏。（　　）
3. 攻螺纹与套螺纹时，速度越快越好。（　　）
4. 台虎钳的丝杠、螺母和其他活动表面都要经常加油润滑，保持清洁，防止锈蚀。（　　）
5. 钳工工作中，经常使用的钻孔工具是中心钻。（　　）

☞**任务评价**

零件加工结束后，把学生的表现情况和任务检测结果填入表3-8。

表3-8　任务评价表

任务二　加工凹形件

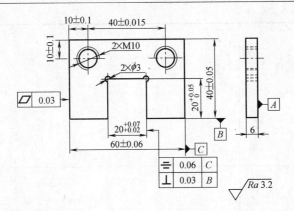

考　核　内　容		分值	自评	互评	教师评价
职业素养	1)协作精神	5			
	2)纪律观念	10			
	3)表达能力	5			
	4)工作态度	5			
理论知识点	1)錾子的种类和使用场合	5			
	2)锉配的一般原则	5			
	3)丝锥的组成	5			
操作知识点	1)$20^{+0.07}_{+0.02}$mm	3			
	2)$20^{+0.05}_{0}$mm	3			
	3)60mm±0.06mm	3			
	4)40mm±0.05mm	3			
	5)40mm±0.015mm	2			
	6)10mm±0.1mm(4处)	1×4			
	7)2×M10(2处)	1×2			
	8)平面度公差≤0.03mm(10面)	0.5×10			
	9)配合间隙≤0.06mm（5处）	1×5			
	10)配合后凹凸对称度公差≤0.06mm	5			
	11)配合表面粗糙度Ra≤3.2μm(10面)	0.5×10			
	12)各配合面与A面的垂直度公差≤0.03mm（10面）	1×10			
	13)安全文明生产	10			
总　　分		100			

评语：

专业和班级		姓名		学号	

指导教师：　　　　　　　　　　　　　　　　　　　　　_____年___月___日

任务总结

我学到的知识点	1) 2) 3) 4)
还需要进一步提高的操作练习（知识点）	1) 2) 3) 4)
存在疑问或不懂的知识点	1) 2) 3) 4)
应注意的问题	1) 2) 3) 4)
其他	1) 2) 3) 4)

项目四　四方件镶配

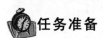学习目标

1. 掌握锉配的方法。
2. 了解影响锉配精度的因素。
3. 掌握对称工件划线和测量的方法。
4. 掌握锉配误差的检查和修正方法。
5. 了解几何精度在加工内表面过程中的控制方法。

技能目标

1. 能熟练镶配四方件。
2. 能熟练钻排孔。
3. 能熟练錾切工件。
4. 会锉削窄平面。

任务描述

四方件镶配图如图 4-1 所示，毛坯分别为 34mm×34mm×6mm 和 64mm×64mm×6mm。

任务分析

本任务为四方件镶配，其配合精度要求较高，在加工过程中需通过划线、锯削、锉削和錾削达到图样要求。通过本次任务的学习和训练，掌握四方件的划线方法，掌握封闭式镶配件的加工过程和方法。

任务准备

一、工、量具知识

去毛刺是钳工的最后一道工序，它是清除工件已加工部位周围所形成的刺状物或飞边。去毛刺有多种方法，如专用去毛刺工具去毛刺、利用手电钻或钻床去毛刺、使用振动去毛刺机去毛刺等。

1. 专用去毛刺工具

（1）角棱工件去毛刺工具　角棱工件（如方块、矩形板等）去毛刺工具如图 4-2a 所示，工具的切削部分可用废锯条改磨而成，用铆钉固定在刀柄上。使用它可以很容易地除角棱工件上的毛刺，如图 4-2b 所示，它比锉刀生产率提高很多。

较大工件角棱上的毛刺，可使用图 4-3 所示的工具去除。在一块旧扁锉上装上把柄，握住把柄去除毛刺很方便。

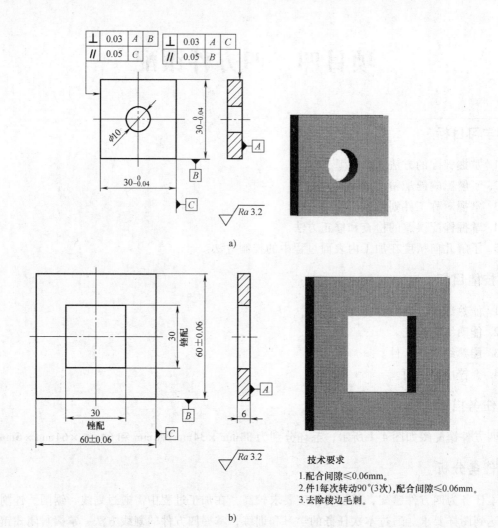

图 4-1　四方件镶配图

a）件 1　b）件 2

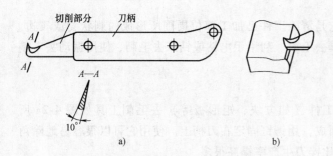

图 4-2　角棱工件去毛刺工具和使用示意图

a）去毛刺工具　b）工具使用示意图

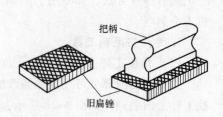

图 4-3　较大工件去毛刺工具

（2）孔口去毛刺工具 在机械加工或装配过程中，由于光孔或螺纹孔的孔边经常残留毛刺，可采用工具去除，如图4-4所示。将一个短钻头固定在手柄内，使用时，将该工具插入工件孔内并施加适当的压力，均匀转动，即可将孔口的毛刺清除。

图4-5所示的孔口去毛刺工具，是将一个铰刀形状的锥齿刀具插入柄部固定好，使用时适当加力转动，即可去除孔口毛刺。该工具锥齿部分用T8工具钢制作，淬火硬度为55～60HRC。

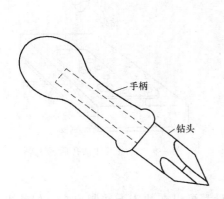

图 4-4 孔口去毛刺工具（短钻头）

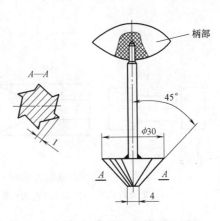

图 4-5 孔口去毛刺工具（锥齿刀具）

（3）键槽去毛刺工具 键槽去毛刺工具如图4-6所示，是将方形或三角形硬质合金刀片用螺钉固定在圆杆上，圆杆左端的一段弯曲约30°，右端装上手柄。使用该工具去除键槽和窄槽边上的毛刺很方便。

去除孔内键槽毛刺的专用工具如图4-7所示。孔内的键槽经刨、插或拉削加工后，往往在键槽的两侧面与内孔交接处留有两条凸状的毛刺，通常由钳工用锉刀修除，但稍不留意，锉刀容易破坏内孔表面，而且工作效率很低。使用图4-7所示的工具修除毛刺，则既能保证质量，又能提高效率。

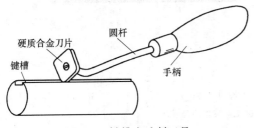

图 4-6 键槽去毛刺工具

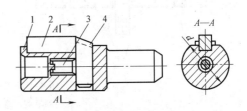

图 4-7 去除孔内键槽毛刺工具
1—导柱体 2—导向平键 3—螺钉 4—高速钢刀体

在导柱体1铣扁的上平面上，正中镶嵌与工件键槽滑动配合的导向平键2，在导向平键的右端插入一把主偏角φ与负偏角φ_1各为45°的高速钢刀体4，它由螺钉3紧固，但刀体中心线必须与导向平键中心线重合。导柱体直径d与工件内孔取转动配合。修毛刺时，只要将工具插入工件孔内，使导向平键对准键槽，然后用锤子轻轻敲尾端，待工具通过工件内孔后，键槽两侧面与内孔交接处的两条凸状毛刺就被高速钢刀体4上的45°倒角去除。

2. 利用手电钻或钻床去毛刺

（1）利用手电钻去毛刺　去除工件两端的毛刺时，可将小砂轮夹紧在手电钻上，转动手电钻，就可将毛刺去除，如图 4-8 所示。

如图 4-9 所示，将一块厚约 18mm 的聚酯橡胶板粘在钢板上，将钻头装夹在手电钻上，这样即可去除工件钻孔后残留的毛刺。

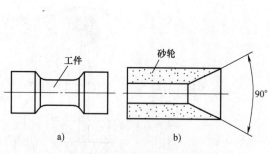

图 4-8　利用手电钻去毛刺
a）带毛刺工件　b）去毛刺使用的砂轮

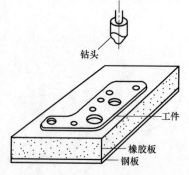

图 4-9　去除工件钻孔后的毛刺

（2）利用钻床去除毛刺　六角螺杆头部或六角螺母都可以在冲床上冲制出来，但冲出后在端部往往有许多毛刺。去除这些毛刺可采用图 4-10 所示的方法。在扁锉上适当地钻出几个孔（锉刀应经过退火处理后再钻孔，然后再淬火），孔径比螺杆外径大 0.5mm。将六角螺杆插入锉刀的孔中，在钻床的主轴上装一个六角胎具，使它和螺杆的六角头相配。去毛刺时，开动钻床，使六角头的端部和锉刀接触。由于钻床主轴的旋转，使六角胎具带动螺杆在锉刀的孔中转动，这样可很快地锉掉六角头端部的毛刺。

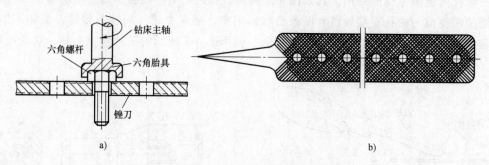

图 4-10　钻床去除六角螺杆毛刺
a）去除毛刺示意图　b）去除毛刺使用的锉刀

去除环状冲压件内外圆口边毛刺的组合工具如图 4-11 所示。刀杆 1 右端尾部制成莫氏锥度的锥柄，以与钻床主轴的锥孔相配合，左端铣出两个长孔槽，分别与大刀盘 3 和小刀盘 4 滑动配合。具有双刃的大刀盘靠楔铁 2 挤住。两个小刀盘相对装在刀杆 1 的长孔槽里，借助压簧 5 起到使其离心向外的作用，用两个锁圈 6 加以控制。

去毛刺时，将整个工具装夹在钻床主轴锥孔内，通过刀杆 1 上的小刀盘刮去工件孔口边毛刺，并以小刀盘定心和导向，用双刃大刀盘切除工件外圆边毛刺。大、小刀盘可根据不同加工情况，采用高速钢或硬质合金材料制作而成。

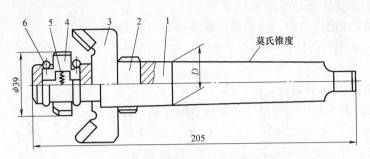

图 4-11　去除环状冲压件毛刺工具
1—刀杆　2—楔铁　3—大刀盘　4—小刀盘　5—压簧　6—锁圈

3. 使用振动去毛刺机去毛刺

批量加工中，可使用振动去毛刺机去毛刺，如图 4-12 所示。固定在底座 11 上的电动机 9（1kW、1440r/min），其轴心上装有两只成 100°的扇形偏心轮 10，偏心轮厚度为 20mm，中心距与弦长各为 70mm。当电动机起动时，带动扇形偏心轮，使它产生离心力而发出振动，从而通过弹簧 7（要求弹力均匀，一般可用 6~8 根）的作用，带动容器 2 一起抖动。容器安装时必须注意水平，以免工件集积而影响去毛刺质量和效率。容器中的磨料（碳化硅废砂轮块渗入适量的废润滑油）和工件随容器的抖动而做周期性的翻动，从而达到去毛刺的目的。

盖子 1 用 1.2mm 厚的钢板制成，上面镶有透明片，便于观察工件运动情况。容器采用 2mm 厚钢板制成，外径为 $\phi 500$mm，高为 280mm，底部要求非常圆滑，以便工件翻动。容器可直接焊接在底座 11 上。衬布 3 需用 1mm 厚的耐油橡胶布，用万能胶粘合在容器内部，以免容器直接和磨料、工件碰撞，从而可以减少磨损，还能减少噪声。螺钉 4 用于紧固扇形偏心轮。弹簧靠螺母 5 固定。

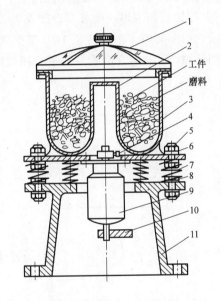

图 4-12　振动去毛刺机
1—盖子　2—容器　3—衬布　4—螺钉
5、8—螺母　6—垫圈　7—弹簧　9—电动机
10—扇形偏心轮　11—底座

振动去毛刺机效果良好，生产率较高，适于多种形状的工件去毛刺时使用。

去毛刺方法除了以上介绍的方法以外，还有使用专用装置去毛刺，以及化学去毛刺、电解去毛刺等。

二、相关知识

1. 四方件锉配方法

1）先锉配外四方件，再锉配内四方件。锉配内四方件时，为了便于控制尺寸，应按图样要求选择有关的垂直外形面做测量基准，锉配前必须首先保证所选定基准面的必要精度。

2）加工过程中，内四方件各表面之间的垂直度，可采用自制角度样板检验，此样板还可用于检查内表面直线度，如图 4-13 所示。

　　3）在内四方件的锉削中，为获得内棱角清角，必须修磨好锉刀边，锉削时应使锉刀略小于 90°，一边紧靠内棱角进行直锉。

2. 四方件的形状误差对锉配的影响

　　1）当锉削后的四方件各边尺寸出现误差时，如当配合面的一边加工尺寸为 25mm，另一边加工尺寸为 24.95mm，且在一个位置锉配后取得零间隙，则转位 90°作配入修正后，将引起配合面之间的间隙扩大，其值最小为 0.05mm，如图 4-14a 所示。

　　2）当四方件一面有垂直度误差，且在一个位置锉配后取得零间隙，则在转位 180°作配入修正后，产生了附加间隙 Δ，使四方形成为"平行四边形"，如图 4-14b 所示。

图 4-13　内直角角度样板

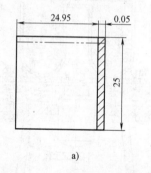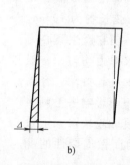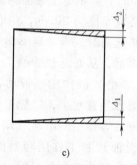

a)　　　　　　　　　　　b)　　　　　　　　　　　c)

图 4-14　基准件误差对锉配精度的影响

a）尺寸误差出现现象　b）垂直度误差出现现象　c）平行度误差出现现象

　　3）当四方件有平行度误差时，在一个位置锉配后取得零间隙，则在转位 180°作配入修正后，四方件小尺寸处产生配合间隙 Δ_1 和 Δ_2，如图 4-14c 所示。

　　4）当四方件有平面度误差时，则锉配后将产生喇叭口。

三、加工准备

　　工、量具准备清单见表 4-1。

表 4-1　工、量具准备清单

序号	名　称	规　格	数量	备注
1	游标高度尺	0 ~ 250mm, 0.02mm	1	
2	游标卡尺	0 ~ 150mm, 0.02mm	1	
3	游标万能角度尺	0° ~ 320°, 2′	1	
4	刀口形直尺	125mm	1	
5	刀口形直角尺	160mm × 100mm	1	
6	外径千分尺	0 ~ 25mm, 0.01mm	1	
7	外径千分尺	25 ~ 50mm, 0.01mm	1	
8	外径千分尺	50 ~ 75mm, 0.01mm	1	
9	钢直尺	150mm	1	
10	塞尺	0.02 ~ 1mm	1	

（续）

序号	名　称	规　格	数量	备注
11	锉刀	粗、中、细扁锉,200mm	各1	
12	方锉	自定	1	
13	手锯	300mm	1	
14	锯条	300mm	若干	
15	钻头	ϕ4mm	1	
16	样冲		1	
17	划针		1	
18	尖錾		1	
19	锤子	1kg	1	
20	软钳口		1	
21	锉刀刷		1	
22	毛刷		1	
23	防护眼镜		1	

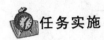任务实施

一、四方件镶配加工步骤

件1加工步骤见表4-2。

表4-2　件1加工步骤

加工步骤	加工内容	图样
1	粗、精锉 B 面,保证其与 A 面的垂直度要求及自身平面度要求,作为基准	
2	粗、精锉 C 面,保证其与 A 面、B 面的垂直度要求及自身平面度要求	
3	划线。分别以 B 面、C 面为基准,划距 B 面、C 面30mm加工线及 ϕ10mm孔的中心线	

（续）

加工步骤	加工内容	图样
4	锯削、锉削 B 面、C 面的对面，保证 30 $^{0}_{-0.04}$ mm，且与 B 面、C 面平行，同时分别与 A 面垂直	
5	钻孔 φ10mm，保证孔直径尺寸 10mm	

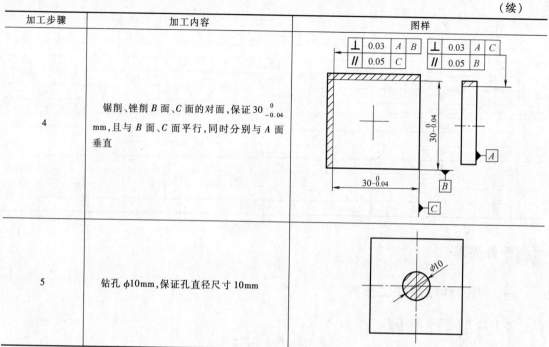

件 2 加工步骤见表 4-3。

表 4-3　件 2 加工步骤

加工步骤	加工内容	图样
1	粗、精锉 B 面，保证其与 A 面的垂直度要求及自身平面度要求。粗、精锉 C 面，保证其与 A 面、B 面的垂直度要求，类同于件 1 的 1～2 步骤	
2	划线。分别以 B 面、C 面为基准，距 B 面、C 面 60mm、15mm、45mm 划出加工线及方孔线，并用件 1 校核方孔线的正确性	

（续）

加工步骤	加工内容	图样
3	分别锯削、粗锉、精锉 B 面、C 面的对面，保证尺寸 60mm ± 0.06mm，且与 B 面、C 面平行，同时分别与 A 面垂直	
4	按四方形内孔线钻出排孔	
5	用扁錾加工，錾切多余部分	
6	粗锉内腔各面至划线条，并留 0.1 ~ 0.2mm 精锉余量。精锉与 B 面平行的两个内侧面，达到与 B 面平行，且与 A 面垂直，保证 (60 - 30) mm/2 的实际尺寸。并用件 1 试配，使其较紧地塞入（换位倾斜塞入）。精锉与 C 面平行的两内侧面，方法相同	
7	用四方件进行转位精修，达到件 1 在四方形孔内自由、平行地推进和推出，无阻碍即可	

（续）

加工步骤	加工内容	图样
8	去毛刺,修光,打标记,用塞尺检查配合精度,达到换位后最大配合间隙小于 0.06mm	

二、教师点拨

1）锉配件的划线必须准确，线条清晰，两面同时一次划出，以便加工时检查。

2）为达到转位互换的配合精度，开始试配时，其尺寸误差都控制在最小范围内，即配合要达到较紧的程度，以便对平行度、垂直度和转位精度作微量修正。

3）从整体情况考虑，锉配时的修锉部位应在透光与涂色之后确定，这样可避免仅根据局部试配情况就急于进行修配而造成最后配合面间隙过大。

4）在锉配与试配过程中，只能用手推入四方件，禁止使用锤头或其他硬金属敲击，以免将两锉配面咬毛。

5）正确选用小于 90°的光边锉刀，防止锉成圆角或锉坏相邻面。

6）各表面锉痕方向要采用顺向锉。

职业素养提高

5S 管理推行目的

做一件事情，有时非常顺利，有时却非常棘手，这就需要 5S 来帮助企业分析、判断、处理存在的各种问题。实施 5S，可以改善企业的品质，提高生产力，降低成本，确保准时交货，同时还能确保安全生产，以及保持并不断增强员工高昂的士气。

因此，企业有人、物、事三方面安全的"三安"原则。一个生产型的企业，人员的安全受到威胁，生产的安全就受到影响，物品的安全也会受到影响。一个企业要想改善和不断地提高企业形象，就必须推行 5S 计划。推行 5S 最终要达到如下八大目的：

1. 改善和提高企业形象

整齐、整洁的工作环境，容易吸引顾客，让顾客心情舒畅；同时，由于口碑的相传，企业会成为其他公司的学习榜样，从而能大大提高企业的威望。

2. 促成效率的提高

良好的工作环境和工作氛围，再加上很有修养的合作伙伴，员工们可以集中精神，认认真真地干好本职工作，必然就能大大地提高效率。试想，如果员工们始终处于一个杂乱无序的工作环境中，情绪必然就会受到影响。情绪不高，干劲不大，又哪来的经济效益？所以推动 5S，是促成效率提高的有效途径之一。

3. 改善零件在库周转率

需要时能立即取出有用的物品，供需间物流通畅，就可以极大地减少寻找所需物品时所滞留的时间，因此能有效地改善零件在库房中的周转率。

4. 减少直至消除故障，保障品质

优良的品质来自优良的工作环境。只有通过经常性的清扫、点检和检查，不断净化工作环境，才能有效地避免污损东西或损坏机械，维持设备的高效率，提高生产品质。

5. 保障企业安全生产

整理、整顿、清扫，必须做到储存明确，物归原位，工作场所内都应保持宽敞、明亮，通道随时都是畅通的，地上不能摆设不该放置的东西，工厂有条不紊，意外事件的发生自然就会大为减少，自然安全就有了保障。

6. 降低生产成本

一个企业通过实行或推行5S，就能极大地减少人员、设备、场所、时间等几个方面的浪费，从而降低生产成本。

7. 改善员工的精神面貌，使组织活力化

推行5S可以明显地改善员工的精神面貌，使组织焕发一种强大的活力。员工都有尊严和成就感，对自己的工作尽心尽力，并带动改善意识形态。

8. 缩短作业周期，确保交货

推行5S，通过实施整理、整顿、清扫、清洁来实现标准的管理，企业的管理就会一目了然，使异常的现象很明显化，人员、设备、时间就不会造成浪费。企业生产能相应地非常顺畅，作业效率必然就会提高，作业周期必然相应地缩短，进而确保交货日期。

巩固与提高

一、简答题

1. 简述去毛刺在钳工中的作用。

2. 简述去毛刺常用方法有哪些？

二、判断题

1. 去毛刺是钳工中的第二道工序。（　　）

2. 使用振动去毛刺机去毛刺效果良好，生产率较高，适于多种形状的工件去毛刺时使用。（　　）

任务评价

零件加工结束后，把学生的表现情况和任务检测结果填入表4-4。

表 4-4　任务评价表

项目四　四方件镶配

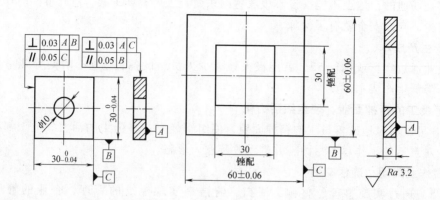

考　核　内　容		分值	自评	互评	教师评价
职业素养	1)协作精神	5			
	2)纪律观念	10			
	3)表达能力	5			
	4)工作态度	5			
理论知识点	1)四方件锉配的方法	5			
	2)四方件形状误差对锉配的影响	10			
操作知识点	1)30 $_{-0.04}^{0}$ mm(2 组)	3×2			
	2)60mm±0.06mm(2 组)	3×2			
	3)平行度公差 0.05mm(2 组)	2×2			
	4)垂直度公差 0.03mm(4 组)	2×4			
	5)配合间隙≤0.06mm(4 面)	4			
	6)表面粗糙度 Ra≤3.2μm(件 1 有 4 面,件 2 有 8 面)	0.5×12			
	7)角清晰(4 角)	1×4			
	8)配合间隙≤0.06mm(件 1 转 90°,配合 3 次)	3×4			
	9)安全文明生产	10			
总　　分		100			

评语:

专业和班级		姓名		学号	

指导教师:　　　　　　　　　　　　　　　　　　　　　　　年___月___日

任务总结

我学到的知识点	1) 2) 3) 4)
还需要进一步提高的操作练习（知识点）	1) 2) 3) 4)
存在疑问或不懂的知识点	1) 2) 3) 4)
应注意的问题	1) 2) 3) 4)
其他	1) 2) 3) 4)

项目五 8字形件镶配

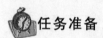 学习目标

1. 了解影响镶配精度的因素。
2. 掌握 8 字形件镶配的方法。
3. 掌握 8 字形件镶配的划线和测量方法。
4. 了解几何精度的控制方法。

技能目标

1. 能镶配 8 字形工件。
2. 会检查和修正镶配误差。

任务描述

工件如图 5-1 所示，件 1 毛坯：38mm×38mm×6mm，件 2 毛坯：62mm×62mm×6mm。

任务分析

本任务为 8 字形件镶配，其配合精度要求较高，在加工过程中需通过划线、锯削、锉削和錾削达到图样要求。通过本次任务的学习和训练，学生应掌握 8 字形件的划线方法，掌握封闭式镶配件的加工过程和方法。

任务准备

工、量具准备清单见表 5-1。

表 5-1　工、量具准备清单

序号	名　称	规　格	数量	备注
1	游标高度尺	0~300mm,0.02mm	1	
2	游标卡尺	0~150mm,0.02mm	1	
3	游标万能角度尺	0°~320°,2′	1	
4	刀口形直尺	125mm	1	
5	刀口形直角尺	160mm×100mm	1	
6	外径千分尺	0~25mm,0.01mm	1	
7	外径千分尺	25~50mm,0.01mm	1	
8	外径千分尺	50~75mm,0.01mm	1	
9	钢直尺	150mm	1	
10	塞尺	0.02~1mm	1	
11	锉刀	粗、中、细扁锉200mm	各1	
12	方锉	自定	1	
13	手锯	300mm	1	
14	锯条	300mm	若干	
15	钻头	φ4mm、φ8mm、φ10mm	1	
16	样冲		1	
17	划针		1	

（续）

序号	名　称	规　格	数量	备注
18	尖錾		1	
19	锤子	1kg	1	
20	软钳口		1	
21	锉刀刷		1	
22	毛刷		1	
23	防护眼镜		1	

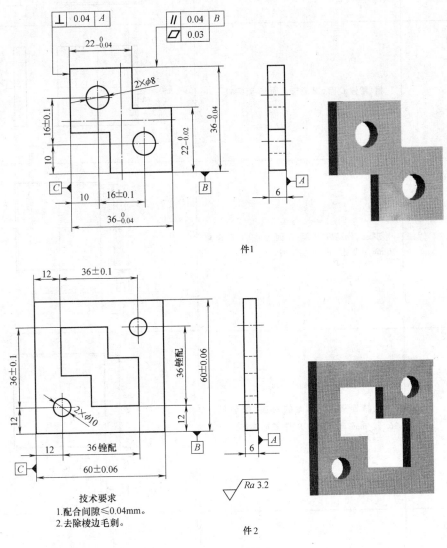

图 5-1　8字形件镶配

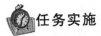 **任务实施**

一、8字形件镶配加工步骤

件1加工步骤见表5-2。

表 5-2 件 1 加工步骤

加工步骤	加工内容	图样
1	粗、精锉 B 面,保证与 A 面垂直,作为基准	
2	粗、精锉 C 面,保证与 A 面、B 面垂直	
3	划线。分别以 B 面、C 面为基准,在距离 36mm 处划出 36mm 加工线	
4	粗、精锉 B 面、C 面的对面,保证尺寸 $36_{-0.04}^{\ 0}$ mm,且分别与 B 面、C 面平行	
5	划线。分别以 B 面、C 面为基准,按图样要求划出 8 字形加工线和 $2\times\phi 8$mm 孔的中心线	

（续）

加工步骤	加工内容	图样
6	按线锯去8字形两角多余部分,然后粗、精锉两角,达图样要求	
7	钻孔。钻 2 × φ8mm 孔,保证孔中心距 16mm ± 0.1mm	

件2加工步骤见表5-3。

表5-3　件2加工步骤

加工步骤	加工内容	图样
1	粗、精锉 B 面,保证其与 A 面的垂直度要求,作为基准	
2	粗、精锉 C 面,锉平。保证其与 A 面、B 面的垂直度要求及自身平面度要求	
3	划线。分别以 B 面、C 面为基准,按图样要求划出相距 60mm 的加工线、8 字形内孔线及 2 × φ10mm 孔的中心线	

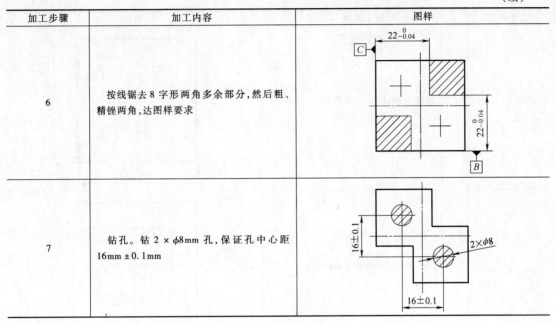

（续）

加工步骤	加工内容	图样
4	粗、精锉 B 面、C 面的对面,保证 60mm ± 0.06mm,且与 B 面、C 面平行	
5	钻排孔,按 8 字形内孔线钻出排孔	
6	用扁錾加工,錾去多余部分	
7	粗锉件 28 字形内孔线,并留 0.1 ~ 0.2mm 精锉余量（注:12mm 处加 0.1 ~ 0.2mm,22mm 处孔要减 0.2 ~ 0.3mm）。精锉 8 字形内孔,并用件 1 单向试配	
8	钻孔。钻 2 × φ10mm 孔,保证孔中心距边缘 12mm	

（续）

加工步骤	加工内容	图样
9	按件1转位，整体精锉配（采用透光法），使件1能自由推入、推出。用塞尺检查配合精度，应达到换位后最大配合间隙小于0.04mm	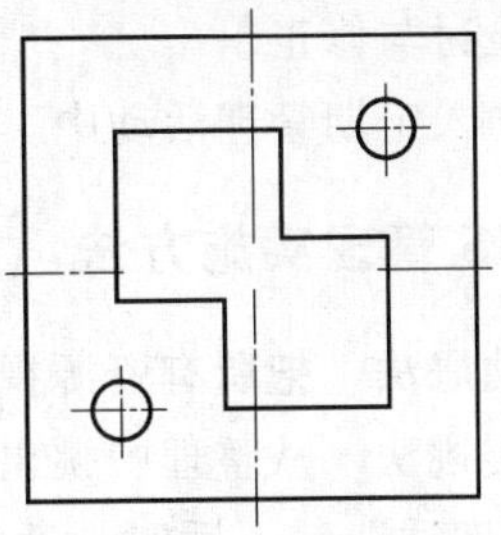
10	去毛刺、修光、打标记	

二、教师点拨

1）镶配件的划线必须准确，线条清晰，两面同时一次划出，特别是8字形件。

2）为保证配合精度，在加工件1时，其尺寸误差和几何误差应控制在最小范围内，以便对平行度、垂直度和转位精度作微量修正。

3）镶配时，要整体考虑，修锉部位要在透光和涂色后进行，避免只根据局部试配就急于修配，造成配合面间隙过大。

4）在试配过程中，只能用推入，禁止用硬金属敲击。

5）锉削各内角时，要正确选用小于90°的光边锉刀进行清角，防止锉成圆角或锉坏相邻面。

职业素养提高

5S 管理的实施

一、5S 管理实施要点

整理：正确的价值意识——"使用价值"，而不是"原购买价值"。

整顿：正确的方法——"3要素、3定" + 整顿的技术。

清扫：责任化——明确岗位5S责任。

清洁：制度化及考核——5S时间；稽查、竞争、奖罚。

素养：长期化——晨会、礼仪守则。

二、5S 管理推行步骤

1）成立推行组织。

2）拟订推行方针及目标。

3）拟订工作计划及实施方法。

4）教育。

5）活动前的宣传造势。

6）实施。

7）活动评比办法确定。

8）查核。

9）评比及奖惩。

10）检讨与修正。

11）纳入定期管理活动中。

三、5S 管理实施方法

（1）抽屉法　把所有资源视作无用的，从中选出有用的。

（2）樱桃法　从整理中挑出影响整体绩效的部分。

（3）"四适"法　适时、适量、适质、适地。

（4）疑问法　该资源需要吗？需要出现在这里吗？现场需要这么多数量吗？

（5）IE 法　根据运作经济原则，将使用频率高的资源进行有效管理。

（6）装修法　通过系统的规划将有效的资源利用到最有价值的地方。

（7）"三易"原则　易取、易放、易管理。

（8）"三定"原则　定位、定量、定标准。

（9）流程法　对于布局，按一个流的思想进行系统规范，使之有序化。

（10）标签法　对所有资源进行标签化管理，建立有效的资源信息。

（11）"三扫"法　扫黑、扫漏、扫怪。

（12）OEC 法　日事日毕，日清日高。

（13）雷达法　扫描权责范围内的一切漏洞和异常。

（14）矩阵推移法　由点到面逐一推进。

（15）荣誉法　将美誉与名声结合起来，以名声决定执行组织或个人的声望与收入。

（16）流程再造　执行不到位不是人的问题，是流程的问题，流程再造是解决这一问题的途径。

（17）模式图　建立一套完整的模式图来支持流程再造的有效执行。

（18）教练法　通过摄像头式的监督模式和教练一样的训练使一切别扭的要求变成真正的习惯。

（19）疏导法　像治理河流一样，对严重影响素养的因素进行疏导。

四、5S 管理实施难点

1）员工不愿配合，未按规定摆放或不按标准来做，理念共识不佳。

2）事前规划不足，不好摆放及不合理之处很多。

3）公司成长太快，厂房空间不足，物料无处堆放。

4）实施不够彻底，持续性不佳，抱着应付心态。

5）评价制度不佳，造成不公平，大家无所适从。

6）评审人员因怕伤感情，统统给予奖赏，失去竞赛意义。

五、5S 管理实施意义

5S 是现场管理的基础，是全员生产保全（Total Product Maintenance，TPM）的前提，是全面品质管理（Total Quality Management，TQM）的第一步，也是 ISO9000 有效推行的保证。

5S 现场管理法能够营造一种"人人积极参与，事事遵守标准"的良好氛围。有了这种氛围，推行 ISO、TQM 及 TPM 就更容易获得员工的支持和配合，有利于调动员工的积极性，形成强大的推动力。

实施 ISO、TQM、TPM 等活动的效果是隐蔽的、长期性的，一时难以看到显著的效果；而 5S 活动的效果是立竿见影的。如果在推行 ISO、TQM、TPM 等活动的过程中导入 5S，可以通过在短期内获得显著效果来增强企业员工的信心。

5S 是现场管理的基础，5S 水平的高低代表着管理者对现场管理认识的高低，这又决定了现场管理水平的高低，而现场管理水平的高低制约着 ISO、TPM、TQM 活动能否顺利、有效地推行。通过 5S 活动，从现场管理着手改进企业"体质"，则能起到事半功倍的效果。

职业素养提高

5S 管理效用

1）5S 管理是"节约家"，实现了成本优化。

2）5S 管理是最佳"推销员"，提升了企业形象。

3）5S 管理不仅是"安全保障者"，也是"品质守护神"。

4）5S 管理是标准化的"推动者"。

5）5S 管理形成令人满意的职场，提高了工作效率。

巩固与提高

一、简答题

1. 简述 5S 管理的推行步骤。

2. 简述 5S 管理的实施办法。

3. 简述 5S 管理的实施难点。

二、判断题

1. 修锉部位要在透光和涂色后进行，避免只根据局部试配就急于修配，造成配合面间隙过大。（　　）

2. 在试配过程中，只能用手推入，禁止用硬金属敲击。（　　）

3. 锉削各内角时，要正确选用小于 90°的光边锉刀进行清角，防止锉成圆角或锉坏相邻

面。（　　　）

任务评价

零件加工结束后，把学生的表现情况和任务检测结果填入表5-4。

表 5-4　任务评价表

项目五　8 字形件镶配

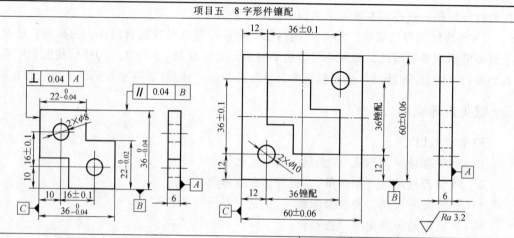

考　核　内　容		分值	自评	互评	教师评价
职业素养	1）协作精神	5			
	2）纪律观念	10			
	3）表达能力	5			
	4）工作态度	5			
理论知识点	1）游标万能角度尺测量角度的方法	5			
	2）镶配的注意事项	10			
操作知识点	件1	1）16mm±0.1mm（2 处）	1×2			
		2）22$_{-0.04}^{0}$mm（4 处）	1×4			
		3）36$_{-0.04}^{0}$mm（2 处）	1×2			
		4）2×ϕ8mm（2 处）	1×2			
		5）垂直度公差≤0.04mm（8 处）	0.5×8			
		6）平行度公差≤0.04mm（2 处）	0.5×2			
		7）平面度公差≤0.03mm（8 处）	0.5×8			
		8）表面粗糙度值 Ra≤3.2μm（8 处）	0.5×8			
	件2	9）36mm±0.1mm（2 处）	1×2			
		10）60mm±0.06mm（2 处）	0.5×2			
		11）12mm（4 处）	0.5×4			
		12）2×ϕ8mm（2 处）	1×2			
		13）平面度≤0.03mm（12 处）	0.5×12			
		14）表面粗糙度 Ra≤3.2μm（12 处）	0.5×12			
	锉配	15）8 字形的配合间隙≤0.04mm（8 处）	1×8			
安全文明生产		10			
总　　分		100			

评语：

专业和班级		姓名		学号	

指导教师：　　　　　　　　　　　　　　　　　　　　　　　　　　　年___月___日

![任务总结图标]**任务总结**

我学到的知识点	1) 2) 3) 4)
还需要进一步提高的操作练习 （知识点）	1) 2) 3) 4)
存在疑问或不懂的知识点	1) 2) 3) 4)
应注意的问题	1) 2) 3) 4)
其他	1) 2) 3) 4)

项目六　六方件镶配

学习目标

1. 掌握六方件的用途。
2. 掌握六方件的镶配方法。
3. 了解影响镶配精度的因素。
4. 掌握几何精度的控制方法。

技能目标

1. 能熟练镶配六方件。
2. 能检查和修正镶配误差。
3. 能划线和测量六方件。
4. 会选用锉刀加工六方件。

任务描述

工件如图 6-1 所示，件 1 毛坯：37mm×32mm×10mm，件 2 毛坯：62mm×62mm×10mm。

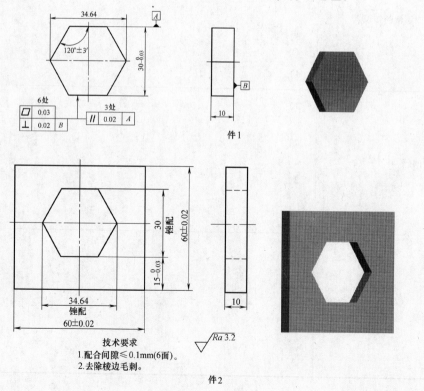

技术要求
1. 配合间隙≤0.1mm(6面)。
2. 去除棱边毛刺。

图 6-1　六方件镶配

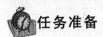任务分析

　　本任务为六方件镶配，其配合精度要求较高，在加工过程中需通过划线、锯削、锉削和錾削达到图样要求。通过本次任务的学习和训练，学生应掌握六方件的划线方法，掌握封闭式镶配件的加工过程和方法。

任务准备

一、相关知识

1. 六方件的划线方法

　　（1）在圆料工件上划内接正六边形的方法　将工件放在 V 形铁上，调整游标高度尺至中心位置，划出中心线，如图 6-2a 所示，并记下游标高度尺的尺寸数值，按图样六边形对边距离，调整游标高度尺划出与中心线平行的六边形两对边线，如图 6-2b 所示，然后顺次连接圆上各交点，如图 6-2c 所示，即可划出六边形。

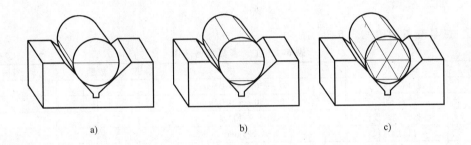

图 6-2　在圆料上划正六边形
a）划中心线　b）划与中心线平行两条边　c）顺次连接圆上各点

　　（2）在立方体工件上划正六边形的方法　分别以直角基准面 A、B 为划线基准，按给定尺寸在标准平板上用游标高度尺划出六边形各点对两基准面的坐标尺寸线，然后连接各交点，如图 6-3 所示，即可划出正六边形。

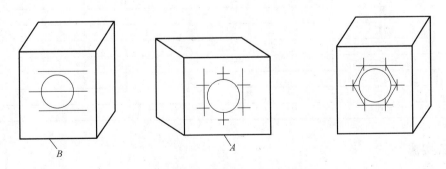

图 6-3　在立方体工件上划正六边形

2. 六方件的镶配方法

　　1）要实现镶配的内、外六方件能转位互换，达到配合精度，其关键在于外六方件要加

工得精确，不但边长要相等，而且每个尺寸、角度的误
差也要控制在最小范围内。

2）镶配内、外六方件有两种加工顺序，一种是按前
面镶配四方件的方法，先镶配一组对面，然后依次将 3
组试配后，再整体修镶配入；另一种方法是可以先锉 3
个邻面，用 120°角度样板检查（图 6-4）和用外六方件
试配检查 3 面 120°的角度与等边边长的准确性，并按划
线线条锉至接触线，然后再同时锉 3 个面的对面，使六
方件 3 组面用角度样板都能塞入，再进行整体修配配入。

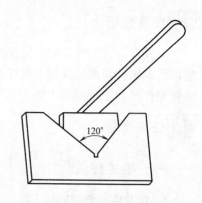

图 6-4　内、外 120°角度样板

3）对内六方件棱角线的直线度控制方法与四方件相
同，必须用扁锉按划线仔细锉直，使棱角线直而清晰。

4）六方件在镶配过程中，若某一面配合间隙增大
时，对其间隙面的两个邻面可作适当修正，即可减小该面的间隙。采用这种方法要从整体来
考虑其修正部位和余量，不可贸然动手。

二、加工准备

工、量具准备清单见表 6-1。

表 6-1　工、量具准备清单

序号	名　称	规　格	数量	备注
1	游标高度尺	0～250mm，0.02mm	1	
2	游标卡尺	0～150mm，0.02mm	1	
3	游标万能角度尺	0°～320°，2′	1	
4	刀口形直尺	125mm	1	
5	刀口形直角尺	160mm×100mm	1	
6	钢直尺	150mm	1	
7	塞尺	0.02～1mm	1	
8	锉刀	粗扁锉 250mm、中、细扁锉 200mm	各1	
9	方锉	自定	1	
10	手锯	300mm	1	
11	锯条	300mm	若干	
12	钻头	$\phi 4mm$	1	
13	样冲		1	
14	划针		1	
15	尖錾		1	
16	锤子	1kg	1	
17	软钳口		1	
18	锉刀刷		1	
19	毛刷		1	
20	防护眼镜		1	

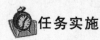

任务实施

一、六方件镶配加工步骤

件 1 加工步骤见表 6-2。

表 6-2 件 1 加工步骤

加工步骤	加工内容	图样
1	按图样要求划线	
2	粗、精锉件 1 的 A 面,锉平,达到平面纵横平直,且与 B 面垂直	
3	锯、粗、精锉 C 面,与 A 面成 120°角,并用 120°角度样板检查	
4	以 A 面为基准,锯、粗、精锉第三面,方法与 3 相同	
5	粗、精锉 A 面的对面,锉平,且与 A 面平行,保证尺寸 $30_{-0.03}^{0}$ mm	
6	锯,粗、精锉 C 面的对面,锉平,保证尺寸 34.64mm	

（续）

加工步骤	加工内容	图样
7	锯,粗、精锉第六面,保证 $30_{-0.03}^{0}$ mm 且平行	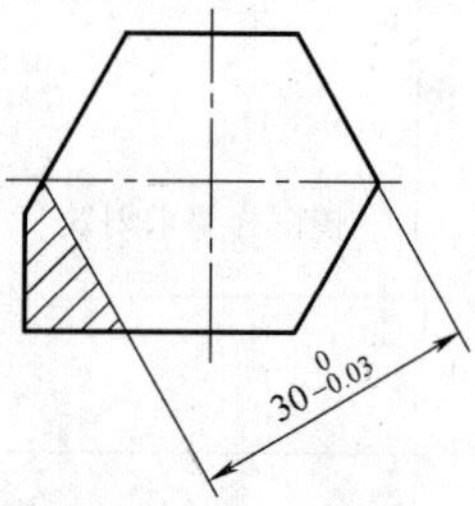
8	修整件 1	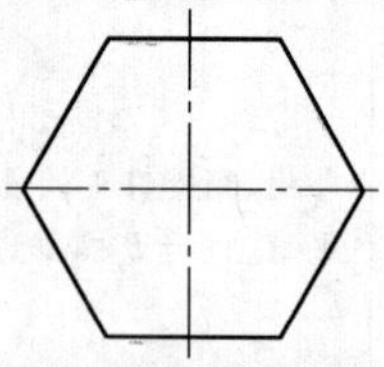

件 2 加工步骤见表 6-3。

表 6-3　件 2 加工步骤

加工步骤	加工内容	图样
1	加工件 2 的第一个基准面,适当修整,保证平面度要求	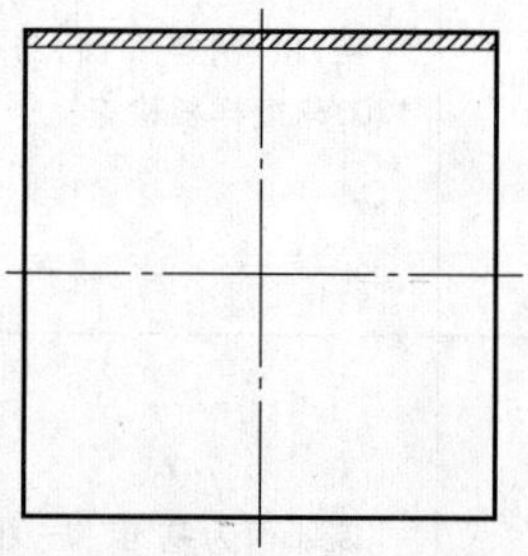
2	粗、精锉其他的三个面,保证 60mm 尺寸要求	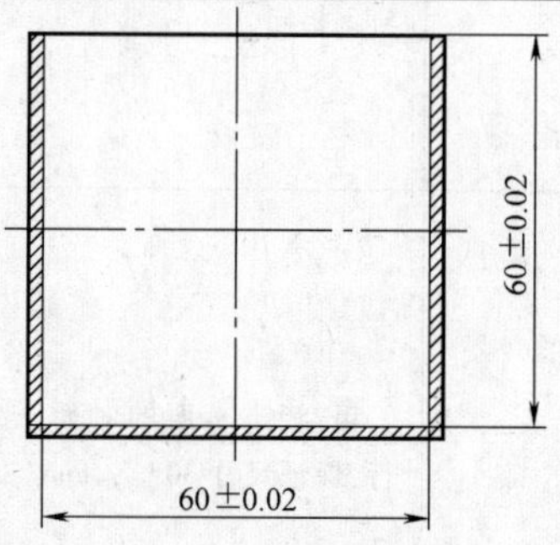
3	计算,划线。按件 1 划内六方孔线,并检验	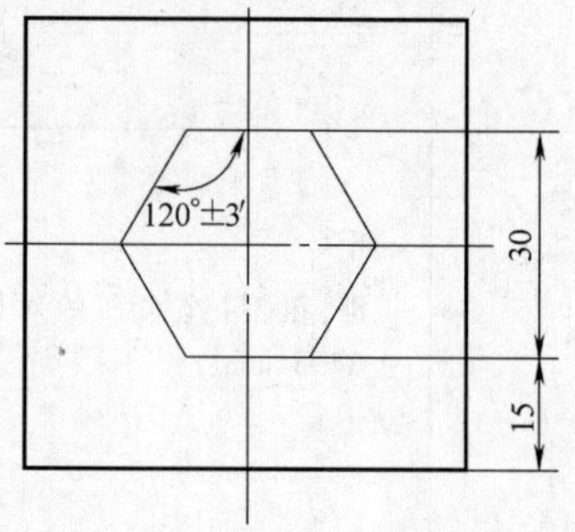

（续）

加工步骤	加工内容	图样
4	钻排孔。按线钻出内六方孔线内排孔	
5	錾削，錾去内六方孔多余部分	
6	粗、精锉加工内六方孔。粗锉时按线粗锉，并留精锉余量。精锉时用外六方件试配加工内六方孔	
7	整体精锉，修配加工。采用透光法和涂色法来检查并精修各面，转动件1，使件1推进及推出件2六角孔时无阻滞，且达到配合面间隙≤0.1mm	
8	修光件1和件2，去毛刺，打标记，交检	

二、教师点拨

1. 在锉削外六方件时，6个120°角及对边尺寸要准确，才能保证其配合误差。

2. 镶配时，应确定一个面作为基准面，从基准面开始定向进行，故基准面必须做好标记。为取得转位互换配合精度，不能按配合情况修整外六方件。当外六方件必须修整时，应进行反复测量后，找出误差，加以适当修整。

3. 因内六方件的边较多，在排孔时要排好，才能提高粗锉精度。

4. 在试配过程中，试配件要轻敲，严禁用力，以免两件"咬死"。

职业素养提高

一、6S 管理是什么

由于整理（SEIRI）、整顿（SEITON）、清扫（SEISO）、清洁（SEIKETSU）、素养（SHITSUKE）的日语罗马拼音均以"S"开头，故最早简称"5S"。我国企业在引进这一管理模式时，加上了英文的"安全（SAFETY）"，因而称"6S"现场管理法。目前，我国有近 90% 的日资企业、近 70% 的港资企业实行了这一管理法，有效地推动了管理模式的精益化革新。

安全（Safety）——重视全员安全教育，每时每刻都有安全第一的观念，杜绝隐患。

目的：建立起安全生产的环境，所有的工作应建立在安全的前提下。

安全：严禁违章，尊重生命。

二、6S 管理的精髓是什么

1）全员参与：董事长——线员工，所有部门，包括生产、技术、行管、财务、后勤等部门。

2）全过程：全产品研发——废止的生命周期；人人保持——改善——保持——管理活动。

3）全效率：综合效率，挑战工作极限。

巩固与提高

一、简答题

1. 简述在圆料工件上划内接正六边形的方法。

2. 简述在立方体工件上划正六边形的方法。

3. 简述六方件的锉配方法。

二、判断题

1. 在试配过程中，试配件要轻敲，严禁用力，以免两件"咬死"。 （　）

2. 6S 管理包括整理（SEIRI）、整顿（SEITON）、清扫（SEISO）、清洁（SEIKETSU）、素养（SHITSUKE）、安全（Safety）。 （　）

☞任务评价

零件加工结束后，把学生的表现情况和任务检测结果填入表 6-4。

表 6-4 任务评价表

项目六 六方件镶配

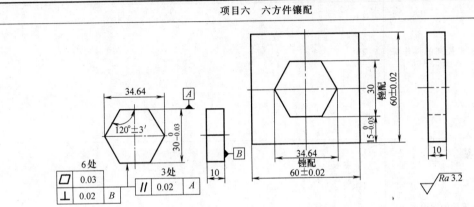

考 核 内 容		分值	自评	互评	教师评价
职业素养	1）协作精神	5			
	2）纪律观念	10			
	3）表达能力	5			
	4）工作态度	5			
理论知识点	1）用角度样板测量角度的方法	5			
	2）六方件的划线方法	5			
	3）六方件的锉配方法	5			
操作知识点	件1	1）$30_{-0.03}^{0}$mm（3 处）	1×3			
		2）120°±3（6 处）	1×6			
		3）垂直度公差≤0.02mm（6 处）	1×6			
		4）平行度公差≤0.02mm（3 处）	1×3			
		5）平面度公差≤0.03mm（6 处）	1×6			
		6）表面粗糙度 Ra≤3.2μm（6 处）	1×6			
	件2	7）60mm±0.02mm（2 处）	1×2			
		8）$15_{-0.03}^{0}$mm	2			
		9）表面粗糙度值 Ra≤3.2μm（10 处）	1×10			
	锉配	10）配合间隙≤0.1mm（6 处）	1×6			
	安全文明生产		10			
总　　分		100			

评语：

专业和班级		姓名		学号	

指导教师：

　　　年　　月　　日

任务总结

我学到的知识点	1) 2) 3) 4)
还需要进一步提高的操作练习(知识点)	1) 2) 3) 4)
存在疑问或不懂的知识点	1) 2) 3) 4)
应注意的问题	1) 2) 3) 4)
其他	1) 2) 3) 4)

项目七　五方件镶配

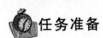学习目标

1. 掌握五方件的用途。
2. 掌握五方件的镶配方法。
3. 了解影响镶配精度的因素。
4. 掌握五方件几何精度的控制方法。

技能目标

1. 掌握五方件镶配的划线和测量方法。
2. 掌握选用锉刀和五方件镶配的技巧。
3. 掌握镶配误差的检查和修正方法。
4. 了解内表面加工过程中几何精度的控制方法。

任务描述

工件如图 7-1 所示，件 1 毛坯：40mm × 38mm × 6mm，件 2 毛坯：62mm × 62mm × 6mm。

任务分析

本任务为五方件镶配，其配合精度要求较高，在加工过程中需通过划线、锯削、锉削和錾削达到图样要求。通过本次任务的学习和训练，学生应掌握五方件的划线方法，掌握封闭式镶配件的加工过程和方法。

任务准备

一、相关基础知识

方法一：用划规划五边形，如图 7-2 所示，步骤如下。
1）在板料上以 O 为圆心，20mm 为半径，距离下边 16.18mm，用划规作圆。
2）用划针划两条互相垂直的直径 AZ、XY。
3）取 OY 中点 M。
4）以 M 为圆心，MA 为半径，用划规作弧 AN，和半径 OX 交于 N。
5）以 A 为圆心，AN 为半径，用划规在圆 O 圆周上连续截取等弧，使弦 $AB = BC = CD = DE = AE$。
6）划线连接 AB、BC、CD、DE、EA 即是五边形。
方法二：用划规和游标万能角度尺划五边形，如图 7-3 所示，步骤如下。
1）在板料上以 O 为圆心，20mm 为半径，距离下边 16.18mm，用划规作圆。

2）用划针划两条互相垂直的直径 *AZ*、*XY*。

3）把游标万能角度尺调成72°，*OA* 作边，划 *OB*、*OE* 两条线和圆相交于 *B*、*E* 两点。

4）把游标万能角度尺调成144°，*OA* 作边，划 *OC*、*OD* 两条线和圆相交于 *C*、*D* 两点。

5）划线连接 *AB*、*BC*、*CD*、*DE*、*EA* 即是五边形。

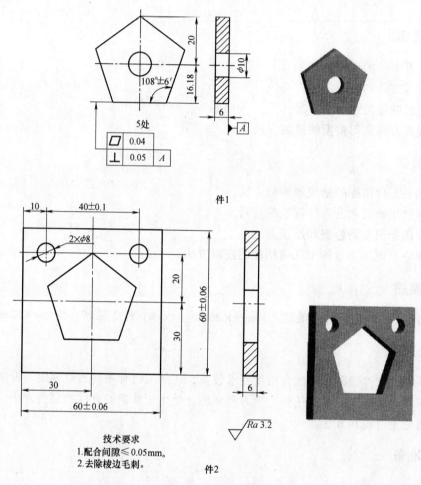

件1

技术要求

1.配合间隙≤0.05mm。

2.去除棱边毛刺。

件2

图 7-1 五方件镶配

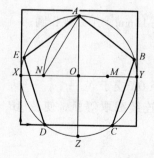

图 7-2 用划规划五边形

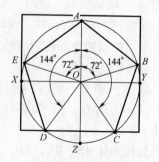

图 7-3 用划规和游标万能
角度尺划五边形

二、加工准备

工、量具准备清单见表 7-1。

表 7-1　工、量具准备清单

序号	名　称	规　格	数　量	备　注
1	游标高度尺	0～250mm,0.02mm	1	
2	游标卡尺	0～150mm,0.02mm	1	
3	游标万能角度尺	0°～320°,2′	1	
4	刀口形直尺	125mm	1	
5	刀口形直角尺	160mm×100mm	1	
6	钢直尺	150mm	1	
7	塞尺	0.02～1mm	1	
8	锉刀	粗扁锉250mm、中、细扁锉200mm	各1	
9	三角锉	150mm(2号纹)	1	
10	手锯	300mm	1	
11	锯条	300mm	若干	
12	钻头	φ4mm、φ8mm、φ10mm	各1	
13	样冲		1	
14	划针		1	
15	尖錾		1	
16	锤子	1kg	1	
17	软钳口		1	
18	锉刀刷		1	
19	毛刷		1	
20	防护眼镜		1	

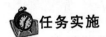 **任务实施**

一、五方件镶配加工步骤

件1加工步骤见表 7-2。

表 7-2　件1加工步骤

加工步骤	加工内容	图　样
1	粗、精锉 B 面,保证平面度要求及其与 A 面的垂直度要求	▱ 0.04 ⊥ 0.05 A

（续）

加工步骤	加工内容	图　样
2	粗、精锉 C 面，锉平，保证其与 A 面、B 面的垂直度要求	
3	根据已计算出的尺寸，采用坐标法或分度头划线，划出五方件的全部加工线（注：用分度头划线需先钻出 $\phi10$mm 中心孔，$\phi10$mm 孔插定位销）	
4	锯和粗、精锉第二面，用样板或游标万能角度尺检查，保证 $108° \pm 6'$，同时保证孔壁与第二面尺寸为 16.18mm − D/2 = 16.18mm − 10mm/2 = 11.18mm	
5	锯和粗、精锉第三面，用样板或游标万能角度尺检查，保证 $108° \pm 6'$，同时保证孔壁与第三面尺寸为 11.18mm	
6	锯和粗、精锉第四面，用样板或游标万能角度尺检查，保证 $108° \pm 6'$，同时保证孔壁与第四面尺寸为 11.18mm	
7	锯和粗、精锉第五面，用样板或游标万能角度尺检查，保证 $108° \pm 6'$，同时保证孔壁与第五面尺寸为 11.18mm	

（续）

加工步骤	加工内容	图　样
8	修整件1	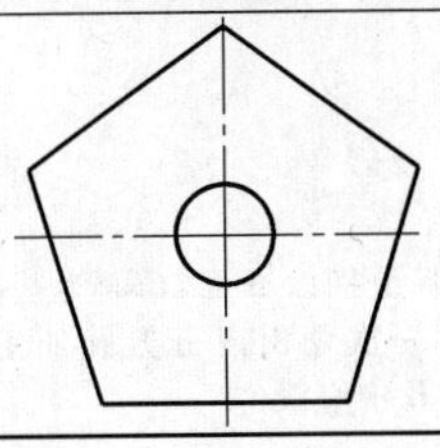

件2加工步骤见表7-3。

表7-3　件2加工步骤

加工步骤	加工内容	图　样
1	粗、精锉件2的 B 面,锉平,保证其与 A 面垂直	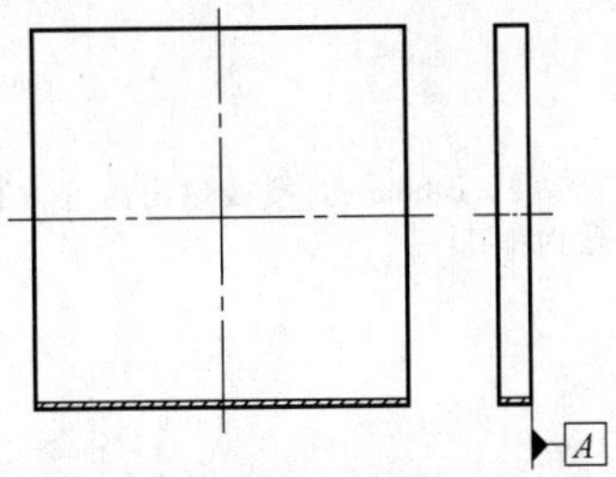
2	粗、精锉 C 面,锉平,保证其与 A 面、B 面垂直	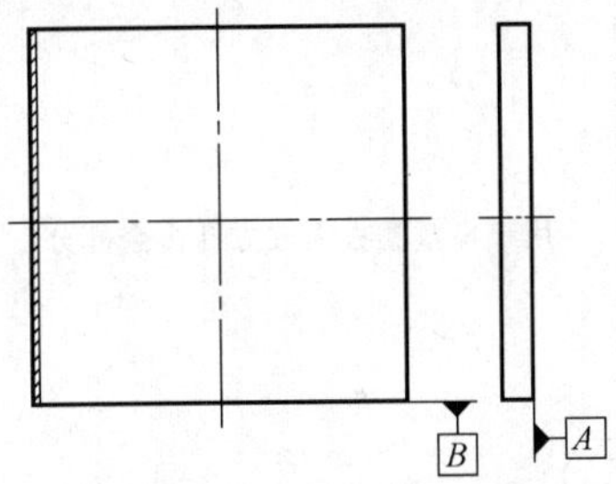
3	划线,分别以 B 面、C 面为基准,距60mm处划出加工线	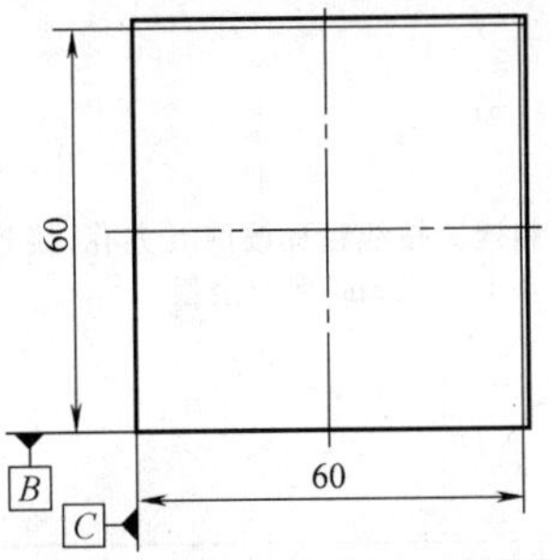
4	粗、精锉 B 面、C 面的对面,锉平,保证尺寸为60mm±0.06mm,且分别与 B 面、C 面平行	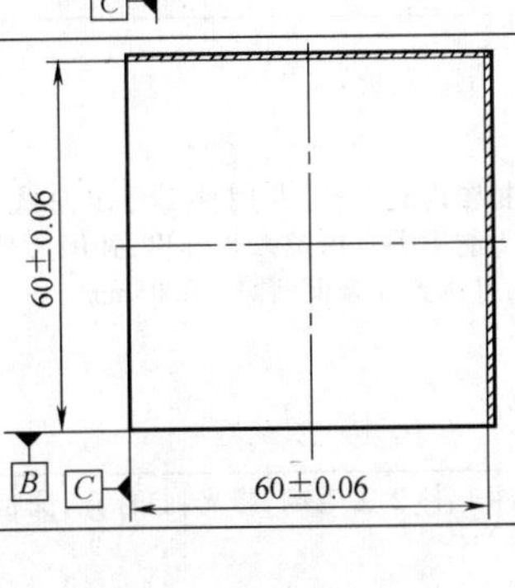

（续）

加工步骤	加工内容	图　样
5	划线,分别以 B 面、C 面为基准,按计算后的尺寸一次划出内五方孔加工线。划 2 × φ8mm 孔中心线	
6	钻 2 × φ8mm 孔,按线钻出内五方孔加工线内排孔	
7	用窄扁錾錾去内五方孔多余部分	
8	粗锉。按线粗锉按内五方孔,接近划线并留 0.1～0.2mm 精锉余量	
9	精锉内五方孔,并用件 1 作定向试配,使件 1 能用手自由推入并推出,并用透光法检验,且达到配合面间隙≤0.05mm	
10	件 1、件 2 去毛刺,修光,打标记,交检	

二、教师点拨

1）五方件由于在测量时没有合适基准，因此划线的线条要尽可能清晰、准确。

2）为了保证五方件的配合精度，在加工件1时，应尽可能减小其角度误差和各边尺寸误差，要以中心孔为基准，保证各尺寸相等。

3）在整体试配时，要经常转位，利用透光法检查，使间隙尽可能均匀。

职业素养提高

6S 管理方法有哪些？

1. 6S 现场管理精益管理推行的三部曲

1）外行看热闹，建立正确的意识。地、物明朗有序，管理状态清清楚楚。

2）内行看门道，明确岗位规范。运作流程明确，监控点得以控制。

3）企业看文化，凡事执行彻底。

2. 6S 现场管理建立明确的责任链

1）创建人人有事做，事事有人管的氛围，落实一人一物一事的管理法则，明确人、事、物的责任。

2）分工明确是为了更好地合作。

3. 形成有效的生产管理网络

1）让主管主动担负起推行的职责。

2）让牵头人员有效地运作。

3）让员工对问题具有共识。

4. 计划的制订和实施

1）制订方针、目标、实施内容。

2）设定和开展主题活动。

3）确定活动水准的评估方法。

5. 6S 现场管理各项内容的推行要点

抓住活动的要点和精髓，才能取得真正的功效，达到事半功倍的目的。

6. 目视生产管理和看板生产管理

1）将希望管理的项目（信息）做到众人皆知，一目了然。

2）现场、工装、库房目视管理实例的说明。

3）目视生产管理和看板生产管理的实施要领。

巩固与提高

一、简答题

1. 简述五方件的划线方法。

2. 简述 6S 管理方法。

二、判断题

1. 五方件镶配由于在测量时没有合适基准，因此划线的线条要尽可能清晰、准确。
　　　　　　　　　　　　　　　　　　　　　　　　　　　　　　　　　　（　　）

2. 五方件在整体试配时，要经常转位利用透光法检查，使间隙尽可能均匀。　　（　　）

☞**任务评价**

零件加工结束后，把学生的表现情况和任务检测结果填入表 7-4。

表 7-4　任务评价表

项目七　五方件镶配

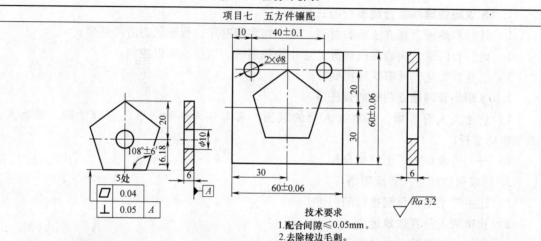

技术要求
1. 配合间隙≤0.05mm。
2. 去除棱边毛刺。

	考核内容		分值	自评	互评	教师评价
职业素养	1）协作精神		5			
	2）纪律观念		10			
	3）表达能力		5			
	4）工作态度		5			
理论知识点	1）划规和游标万能角度尺划五边形方法		5			
	2）划规划五边形的方法		5			
	3）五方件的镶配方法		5			
操作知识点	件1	1）108°±6′（5处）	1×5			
		2）16.18mm（5处）	1×5			
		3）φ10mm	0.5			
		4）垂直度公差≤0.05mm（5处）	1×5			
		5）平面度公差≤0.04mm（5处）	1×5			
		6）表面粗糙度值 Ra≤3.2μm（5处）	1×5			
	件2	7）40mm±0.1mm	2			
		8）60mm±0.1mm（2处）	1×2			
		9）10mm	2			
		10）20mm	0.5			
		11）30mm（2处）	1×2			
		12）2×φ8mm	1×2			
		13）表面粗糙度值 Ra≤3.2μm（9处）	1×9			
	镶配	14）配合间隙≤0.05mm（5处）	1×5			
	安全文明生产		10			
	总　　分		100			

评语：

专业和班级		姓名		学号	

指导教师：

　　　　　　　　　　　　　　　　　　　　　　　　　　　　____年____月____日

任务总结

我学到的知识点	1) 2) 3) 4)
还需要进一步提高的操作练习(知识点)	1) 2) 3) 4)
存在疑问或不懂的知识点	1) 2) 3) 4)
应注意的问题	1) 2) 3) 4)
其他	1) 2) 3) 4)

项目八　燕尾形件锉配

学习目标

1. 掌握燕尾的相关尺寸计算方法。
2. 掌握角度锉配方法。
3. 了解影响盲配精度的因素。
4. 掌握几何精度的控制方法。

技能目标

1. 能识读燕尾形零件图。
2. 能检查和修正锉配误差。
3. 能划线和测量燕尾形。
4. 进一步巩固各项钳工技能。

任务描述

工件如图 8-1 所示，毛坯：50mm×60mm×6mm。

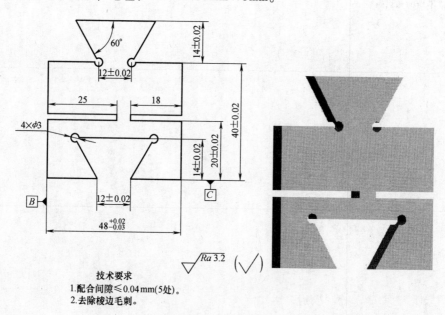

技术要求
1.配合间隙≤0.04mm(5处)。
2.去除棱边毛刺。

图 8-1　燕尾形件锉配

任务分析

本任务为燕尾形件锉配，其配合精度要求较高，在加工过程中需通过划线、锯削、锉削和錾削达到图样要求。通过本次任务的学习和训练，学生应掌握间接测量在实际加工中的运用，掌握开放式配合件的加工过程和方法。

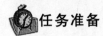**任务准备**

一、相关基础知识

1. 燕尾角度测量

燕尾角度斜面锉削时的尺寸测量，一般采用间接测量法。加工过程中，需要测量单燕尾和双燕尾。

（1）单燕尾角度测量及计算　因为 L_0 尺寸无法直接测量，所以需要借助圆柱测量棒测量 L 值，间接测量 L_0 尺寸，如图 8-2 所示。

计算公式如下

$$L_1 = \frac{d}{2}\cot\frac{\alpha}{2} + \frac{d}{2}$$

$$L_0 = \frac{L_3}{2} + \frac{L_4}{2}$$

$$L = L_0 + L_1 = \frac{L_3}{2} + \frac{L_4}{2} + L_1$$

式中　d——圆柱测量棒的直径尺寸（mm）；

图 8-2　单燕尾角度测量计算

　　　α——燕尾的角度值。

例：圆柱测量棒直径 $d = 10\text{mm}$，$\alpha = 60°$，$L_3 = 48\text{mm}$，$L_4 = 12\text{mm}$，试求 L 值。

$$L_1 = \frac{d}{2}\cot\frac{\alpha}{2} + \frac{d}{2} = \frac{10}{2}\text{mmcot}30° + \frac{10}{2}\text{mm} = 5\times\sqrt{3}\text{mm} + 5\text{mm} = 13.66\text{mm}$$

$$L = \frac{48}{2}\text{mm} + \frac{12}{2}\text{mm} + L_1 = 24\text{mm} + 6\text{mm} + 13.66\text{mm} = 43.66\text{mm}$$

（2）双燕尾角度斜面测量及计算　双燕尾角度斜面测量，因为 L_4 尺寸无法直接测量，所以要借助双圆柱测量棒测量 L 值，间接测量 L_4 尺寸，如图 8-3 所示。

计算公式如下

$$L_1 = \frac{d}{2}\cot\frac{\alpha}{2} + \frac{d}{2}$$

$$L = L_4 + L_1 + L_2$$

式中　d——圆柱测量棒的直径尺寸（mm）；

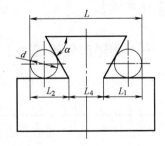

　　　α——燕尾的角度值。

图 8-3　双燕尾测量计算

例：圆柱测量棒直径 $d = 10\text{mm}$，$\alpha = 60°$，$L_4 = 12\text{mm}$，试求 L 值。

$$L_1 = \frac{d}{2}\cot\frac{60°}{2} + \frac{d}{2} = \frac{10}{2}\text{mmcot}30° + \frac{10}{2}\text{mm} = 5\times\sqrt{3}\text{mm} + 5\text{mm} = 13.66\text{mm}$$

$$L = L_4 + L_1 + L_2 = 12\text{mm} + 13.66\text{mm} + 13.66\text{mm} = 39.32\text{mm}$$

二、加工准备

工、量具准备清单见表 8-1。

表 8-1　工、量具准备清单

序号	名 称	规 格	数 量	备 注
1	游标高度尺	0 ~ 250mm,0.02mm	1	
2	游标卡尺	0 ~ 150mm,0.02mm	1	
3	游标万能角度尺	0° ~ 320°,2′	1	
4	刀口形直尺	125mm	1	
5	刀口形直角尺	160mm × 100mm	1	
6	钢直尺	150mm	1	
7	塞尺	0.02 ~ 1mm	1	
8	圆柱测量棒	ϕ10H6 × 20mm	1	
9	锉刀	粗、中、细扁锉 200mm	各1	
10	三角锉	自定	1	
11	手锯	300mm	1	
12	锯条	300mm	若干	
13	钻头	ϕ3mm、ϕ4mm	1	
14	样冲		1	
15	划针		1	
16	尖錾		1	
17	锤子	1kg	1	
18	软钳口		1	
19	锉刀刷		1	
20	毛刷		1	
21	计算器	函数	1	

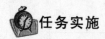

任务实施

一、燕尾形件锉配加工步骤

燕尾形件锉配加工步骤见表 8-2。

表 8-2　燕尾形件锉配加工步骤

加工步骤	加工内容	图 样
1	划线,粗、精锉基准面 *B* 面,锉平。用透光法借助刀口形直角尺,检验直线度及 *B* 面相对于 *A* 面的垂直度	

（续）

加工步骤	加　工　内　容	图　　样
2	以 B 面为基准锉平 C 面,保证 C 面与 B 面、A 面的垂直度要求	
3	以 B 面为基准面,用游标高度尺划出 25mm、30mm 和 48mm 的加工线	
4	以 C 面为基准面,用游标高度尺划出高度分别为 14mm、20mm、22mm、40mm 和 54mm 的加工线	
5	以 B 面、C 面为基准面,借助 V 形铁,用游标高度尺划出两条燕尾斜边加工线	
6	以 B 面、C 面为基准面,借助 V 形铁,用游标高度尺划出另外两条燕尾斜边加工线	

（续）

加工步骤	加工内容	图　样
7	打冲眼，钻 4 × ϕ3mm 工艺孔，钻 ϕ4mm 燕尾形（凹）排孔	
8	锯，按线锯去 B 面、C 面对面（右上角燕尾台肩处）多余部分	
9	粗、精锉右上角燕尾达到图样要求，保证 40mm ± 0.02mm 、14mm ± 0.02mm 实际尺寸，并且用单圆柱测量棒测量，圆柱测量棒到 B 面的尺寸为 43.66mm，（圆柱测量棒直径为 ϕ10mm），用游标万能角度尺检测 60°角	
10	锯。按线锯去左上角燕尾台肩处多余部分	
11	粗、精锉左上角燕尾达图样要求，保证 40mm ± 0.02mm 、14mm ± 0.02mm 实际尺寸，并且用双圆柱测量棒测量尺寸为 39.32mm，（测量棒直径为 ϕ10mm），用游标万能角度尺检测 60°角	
12	锯削燕尾件（凹）两侧面，按线錾去燕尾件（凹）余料	

（续）

加工步骤	加工内容	图样
13	粗、精锉燕尾件（凹）达 60°，并用测量棒测量以 B 面为基准的 23.6mm（测量棒直径为 φ10mm）	
14	同理粗、精锉燕尾件（凹）另一 60°，保证 12mm±0.02mm、14mm±0.02mm、60°。反复测量燕尾件（凸）和燕尾件（凹）各处尺寸	
15	分别锯 25mm、18mm 锯口，留 5mm 连接	
16	修光，倒棱，打标记，交检	
17	锯断 5mm 连接处，检测配合情况	

二、教师点拨

1）为保证翻转配合，60°角要锉好、锉正。

2）在锉配时，凸件的上平面，凹件的下平面不能锉，只能锉修凸件的面个斜面处和凹件的凹面处，燕尾处锉配时，也要采用同样的方法。

职业素养提高

一、8S 管理是什么？

8S 就是整理（SEIRI）、整顿（SEITON）、清扫（SEISO）、清洁（SEIKETSU）、素养（SHITSUKE）、安全（SAFETY）、节约（SAVE）、学习（STUDY）8 个项目，因其均以"S"开头，简称为 8S。8S 管理法的目的，是使企业在现场管理的基础上，通过创建学习型组织，不断提升企业文化的素养，消除安全隐患，节约成本和时间，使企业在激烈的竞争中永远立于不败之地。

二、8S 的定义与目的有哪些？

1S——整理

定义：区分要用和不要用的，不用的应清除掉。

目的：把"空间"腾出来活用。

2S——整顿

定义：要用的东西依规定定位、定量摆放整齐，明确标识。

目的：不用浪费时间找东西。

3S——清扫

定义：清除工作场所内的脏污，并防止污染的发生。

目的：消除脏污，保持工作场所干干净净、明明亮亮。

4S——清洁

定义：将上面3S实施的做法制度化，规范化，并维持成果。

目的：通过制度化来维持成果，并显现"异常"之所在。

5S——素养

定义：人人依规定行事，从心态上养成好习惯。

目的：改变人的品质，养成工作讲究认真的习惯。

6S——安全

1）管理上制订正确的作业流程，配置适当的工作人员，监督指示功能。

2）对不符合安全规定的因素及时举报、消除。

3）加强作业人员安全意识教育。

4）签订安全责任书。

目的：预知危险，防患于未然。

7S——节约

减少企业的人力、成本、空间、时间、库存、物料消耗等因素。

目的：养成降低成本习惯，加强作业人员减少浪费意识教育。

8S——学习

深入学习各项专业技术知识，从实践和书本中获取知识，同时不断地向同事及上级主管学习，学习他人长处从而达到完善自我、提升自我综合素质的目的。

目的：使企业得到持续改善，培养学习型组织。

巩固与提高

一、简答题

1. 简述单燕尾的测量方法。

2. 简述双燕尾的测量方法。

二、判断题

1. 8S 管理中安全的目的是预知危险，防患于未然。　　　　　　　　（　　）

2. 8S 管理中节约的目的是养成降低成本习惯，加强作业人员减少浪费意识教育。
　　　　　　　　　　　　　　　　　　　　　　　　　　　　　（　　）

3. 8S 管理中学习的目的是使企业得到持续改善，培养学习型组织。　（　　）

☞任务评价

零件加工结束后，把学生的表现情况和任务检测结果填入表 8-3。

表 8-3　任务评价表

项目八　燕尾形件锉配

考　核　内　容			分值	自评	互评	教师评价
职业素养	1）协作精神		5			
	2）纪律观念		10			
	3）表达能力		5			
	4）工作态度		5			
理论知识点	1）单燕尾的计算方法		5			
	2）双燕尾的计算方法		10			
操作知识点	凸燕尾	1）14mm±0.02mm（2 处）	2×2.5			
		2）60°（2 处）	2×3			
		3）表面粗糙度值 $Ra≤3.2\mu m$（7 处）	1×7			
		4）12mm±0.02mm	5			
	凹燕尾	5）$48^{+0.02}_{-0.03}$mm	5			
		6）14mm±0.02mm	5			
		7）表面粗糙度值 $Ra≤3.2\mu m$（7 处）	1×7			
	锉配	8）配合间隙≤0.04mm（5 处）	2×5			
	安全文明生产		10			
总　　分			100			

评语：

专业和班级		姓名		学号	

指导教师：　　　　　　　　　　　　　　　　　　　___年___月___日

任务总结

我学到的知识点	1) 2) 3) 4)
还需要进一步提高的操作练习（知识点）	1) 2) 3) 4)
存在疑问或不懂的知识点	1) 2) 3) 4)
应注意的问题	1) 2) 3) 4)
其他	1) 2) 3) 4)

项目九　90°山形件锉配

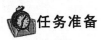**学习目标**

1. 掌握锉削的方法。
2. 了解影响锉配精度的因素。
3. 掌握对称工件划线和测量的方法。
4. 掌握锉配误差的检查和修正方法。
5. 了解几何精度在加工内表面过程中的控制方法。

技能目标

1. 能熟练锉配90°山形件。
2. 能熟练钻排孔。
3. 能熟练錾切工件。
4. 掌握角度多、测量困难工件的加工和测量方法。

任务描述

工件如图9-1所示，件1毛坯：62mm×62mm×6mm，件2毛坯：62mm×62mm×6mm。

任务分析

本任务为90°山形件锉配，其配合精度要求较高，在加工过程中需通过划线、锯削、锉削和錾削达到图样要求。通过本次任务的学习和训练，学生应掌握开放式配合件的加工过程和方法。

任务准备

工、量具准备清单见表9-1。

表9-1　工、量具准备清单

序号	名　称	规　格	数　量	备　注
1	游标高度尺	0～250mm，0.02mm	1	
2	游标卡尺	0～150mm，0.02mm	1	
3	游标万能角度尺	0°～320°，2′	1	
4	刀口形直尺	125mm	1	
5	刀口形直角尺	160mm×100mm	1	
6	外径千分尺	0～25mm，0.01mm	1	
7	外径千分尺	25～50mm，0.01mm	1	

（续）

序号	名　称	规　格	数　量	备　注
8	外径千分尺	50～75mm,0.01mm	1	
9	钢直尺	150mm	1	
10	塞尺	0.02～1mm	1	
11	锉刀	粗、中、细扁锉200mm	各1	
12	方锉	自定	1	
13	手锯	300mm	1	
14	锯条	300mm	若干	
15	钻头	$\phi 3mm$、$\phi 4mm$	1	
16	样冲		1	
17	划针		1	
18	尖錾		1	
19	锤子	1kg	1	
20	软钳口		1	
21	锉刀刷		1	
22	毛刷		1	
23	防护眼镜		1	

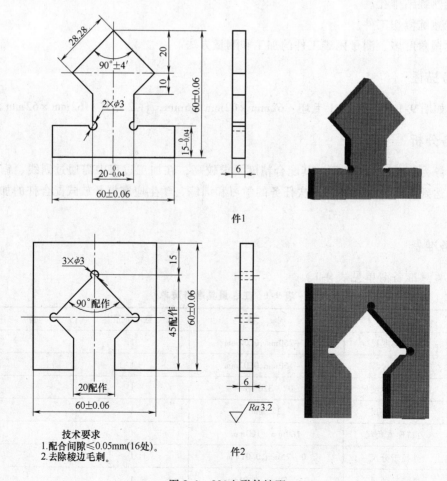

件1

件2

技术要求
1.配合间隙≤0.05mm(16处)。
2.去除棱边毛刺。

图 9-1　90°山形件锉配

任务实施

一、90°山形件加工步骤

件 1 加工步骤见表 9-2。

表 9-2　件 1 加工步骤

加工步骤	加工内容	图　样
1	粗、精锉 B 面,锉平且保证其与 A 面垂直	
2	粗、精锉 C 面,锉平且保证其与 A 面、B 面垂直	
3	按图样要求划线,以 B 面为基准在距其 60mm 处划出加工线,再以 C 面为基准在距其 60mm 处划出加工线	
4	粗、精锉 B 面的对面,锉平,保证尺寸 60mm ± 0.06mm,且保证该面与 B 面平行,与 A 面垂直	

（续）

加工步骤	加工内容	图样
5	粗、精锉 C 面的对面，锉平，保证尺寸 60mm±0.06mm，且保证该面与 C 面平行，与 A 面、B 面垂直	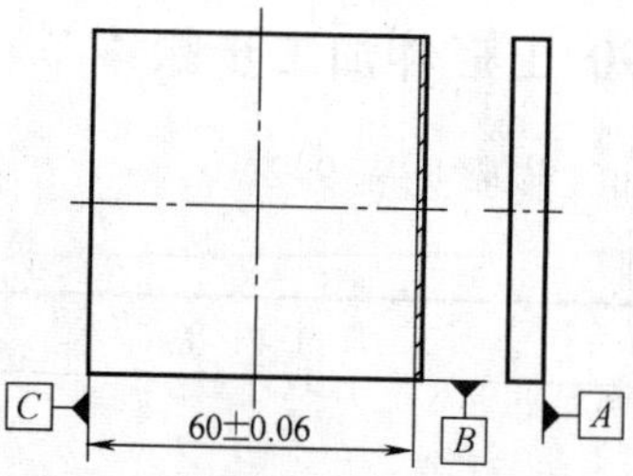
6	划线。按图样要求划出 90°角加工线，划线方法有如下两种： 　　（1）按坐标法如图，以 B 面为基准划 15mm、30mm、40mm、60mm 尺寸线；以 C 面为基准划 30mm、20mm、10mm、40mm、50mm、60mm 尺寸线，连线即可 　　（2）用 V 形规划线计算尺寸	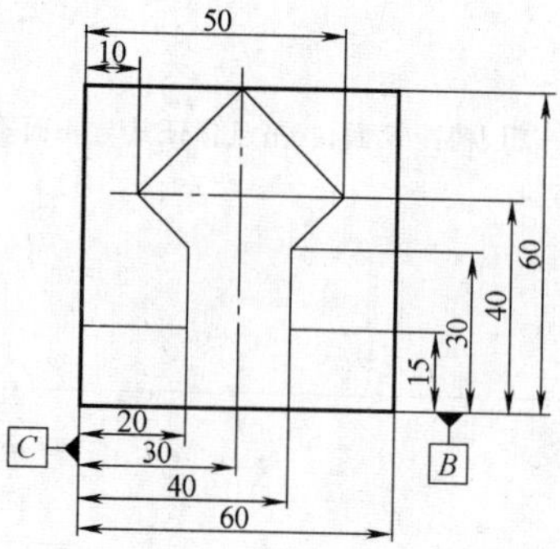
7	钻 2×φ3mm 工艺孔及钻排孔（2 处）	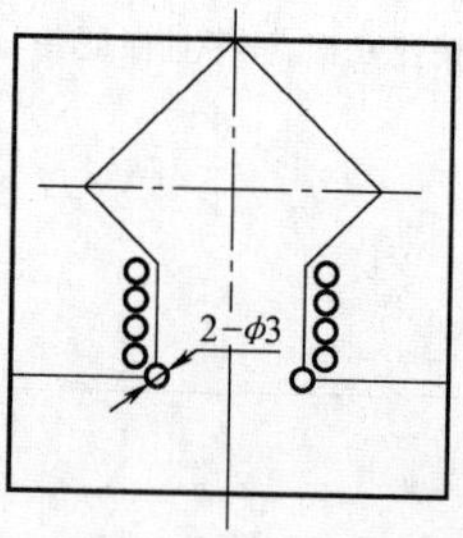
8	锯。先锯去右侧部分 錾。按排孔錾去多余部分	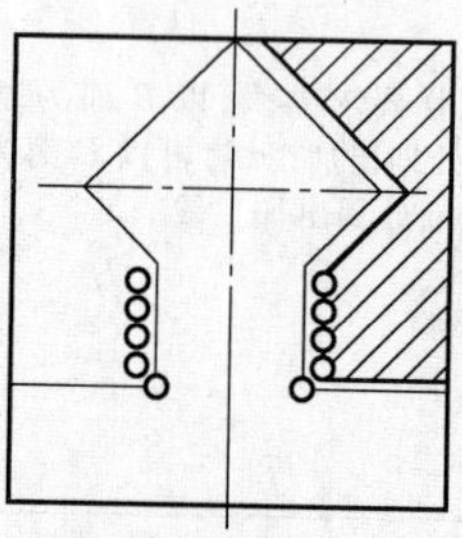
9	粗锉右侧 4 个面，并留精锉余量	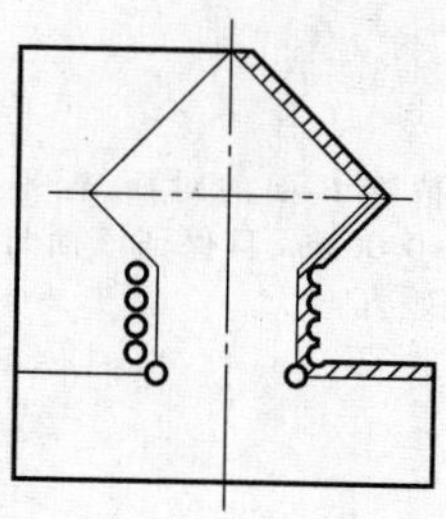

（续）

加工步骤	加工内容	图样
10	精锉右侧 4 个面的顺序为：①精锉 B 面的平行面，保证尺寸 $15_{-0.04}^{0}$ mm。②精锉 C 面平行面。③精锉山形件右侧下直角边，以 B 面为基准检测角度 45°。④精锉山形件右侧上直角边，保证角度 90° ±4′	
11	锯、錾去左侧部分	
12	依次粗锉左侧部分 4 个面	
13	依次精锉左侧部分 4 个面，尺寸控制达 28.28mm、角度为 90° ±4′	
14	依次精锉右侧部分 4 个面，尺寸控制达 28.28mm，角度为 90° ±4′	

件 2 加工步骤见表 9-3。

表 9-3 件 2 加工步骤

加工步骤	加 工 内 容	图 样
1	粗、精锉 B 面,锉平且保证其与 A 面垂直	
2	粗、精锉 C 面,锉平且保证其与 A 面、B 面垂直	
3	按图划线。以 B 面为基准在距其 60mm 处划出加工线,再以 C 面为基准,在距其 60mm 处划出加工线	
4	粗、精锉 B 面的对面,锉平,保证尺寸 60mm ± 0.06mm,且与 B 面平行,与 A 面垂直	

（续）

加工步骤	加工内容	图　样
5	粗、精锉 C 面的对面,锉平,保证尺寸 60mm±0.06mm,且与 C 面平行,与 A 面、B 面垂直	
6	划加工线,按图划出全部加工线,方法同件 1	
7	钻 3×φ3mm 工艺孔和 φ4mm 排孔	
8	锯,錾去掉多余部分	

（续）

加工步骤	加工内容	图样
9	粗锉至接近线,并留精锉余量	
10	精锉 20mm 配作处,保证对称	20
11	按件 1 锉配件 2,达配合要求	
12	全部锐边倒角,修光,打标记,交检	

二、教师点拨

1）锉配件的划线必须准确，线条清晰，两面同时一次划出，特别是内山形件。

2）锯削山形件斜线时，注意起锯，避免划伤表面。

3）为达到配合精度，在加工件 1 时，其尺寸、垂直度误差、平行度误差等均应控制在最小范围内。

4）件 1 与内山形件配合时，要用游标万能角度尺检验。

职业素养提高

8S 管理实施案例

××总公司机修公司××机械修造厂钻修车间现有职工 64 人，其中干部 3 人，党员 10 人，团员青年 31 人，下设钻修一班、钻修二班、焊工班、试车班、综合班 5 个生产班组，主要承担着钻井总公司各种大、中型钻井设备大修理和现场服务工作。2006 年以来，该车间从强化基础工作入手，学习先进的管理经验，积极推行 8S 管理方法，规范了员工的行为，优化了作业环境，强化了现场管理，推进了标准化车间建设。

为了将这个管理方法更好地推进，该车间成立了 8S 管理领导小组，从组织实施、考核达标等方面制订出了切实可行的推行方案，形成了钻修车间 8S 管理实施细则、8S 管理标准、8S 提示卡、8S 管理手册、8S 考核卡等文件，涵盖各岗位、场所及所有物品的管理，将一切生产活动都纳入 8S 管理之中。同时，根据工作需要区分不同重点，在现场管理上侧重了整理、整顿、清扫、清洁，使每个岗位的各项工作、各种工具、修理产品、材料配件、杂物及工作台上的物品等都按 8S 规范的标准管理；在现场服务上侧重了准时、标准，把每一处服务的内容、态度、质量都用一个 8S 考核卡进行制约，让服务者严把标准，准时、优质完成任务，尽量缩短因设备维修而造成的等待时间；在员工队伍建设上侧重了自检、素养，让每一位员工正确遵守企业管理制度、岗位操作规程，认真做好岗位修理工作的自检自查，反思当天的工作和表现。

一、运用 8S 管理，推进标准化车间建设

要使 8S 产生良好的管理效应，关键在于落实。该车间在运用 8S 管理、创建标准化车间的过程中，以班组、岗位为重点，严格责任落实，将班组长定为现场管理第一责任人，将岗位长定为每台设备修理现场第一监督人，通过对现场、标准、员工行为的规范，奠定了管理向标准化迈进的基础。

1）制订基准，整理现场。整理是 8S 活动的初始环节，也是企业现场管理的基础工作，做好这个环节的工作是顺利推行 8S 的前提。该车间按照 8S 管理要求，对地面上的各种搬运工具、成品、半成品、材料、个人物品、图样资料等进行全面检查，并且做好详细记录，然后通过讨论，制订出判别基准，判断出每个人、每个生产现场哪些东西是有用的，哪些是没用的，对于不能确定去留的物品，运用挂红牌方法，调查物品的使用频度，按照基准对工位上个人用品、损坏的工具、废弃的零配件进行彻底清除，对个人生活用品专门设计制作了 56 个工具箱、8 个资料柜、2 个碗柜等，进行统一管理。通过这一环节，共平整出场地 223m²，清除废旧物品十余吨，为现场定置管理打下了基础。

2）实施定置管理。机械修理设备多，物品门类繁多，现场管理难度大，该车间严格按照 8S 的要求，实行现场定置、定位管理，将现场划分为成品区、修理区（工作区）、待修区、废料区，并用标志线区分各区域，对现场物品的放置位置按照 100% 设定的原则，根据产品形态决定物品的放置方法，实行"三定"管理，即：定点，放在哪里合适；定容，用什么道具；定量，规定合适的数量。对大到进厂设备、成品设备，小到拆卸零配件、手工具的摆放，都规定了标准的放置位置，焊制零配件架 62 个，重新摆放零配件 5231 件。按照车间工作区域平面图，建立清扫责任区，标识各责任区及其负责人，将各责任区细化成各自的

定制图，做到从厂区到车间、从场地到每一台设备、从一个工位到一个工具箱都细化到人头，规定例行清扫的内容，严格清扫。通过定置管理，设备零配件专位存放，修理现场清洁规范，过去修理过程中经常出现的零配件丢失、安装清洁度得不到保证等顽疾得到了根治。

3）规范管理，落实标准和准时。标准、准时要素主要是针对机修质量及机修保障问题提出的，该车间针对电动钻机等新增修理项目，测绘修订了《ZJ20B 型钻机修理技术标准》《钻机往复式活塞空气压缩机修理标准》等 10 项技术标准；将设备解体检验记录、组装检验记录统一为设备检验卡片和设备修理关键点控制卡片；将所有制度、操作规程、技术标准等整合规范为统一的基础管理标准，分类编制成册，下发到班组；对班组会议记录本、HSE综合记录本、职工考核表、考勤记录本等各项资料设定统一格式，并对填写进行了统一规范。为了便于操作，将 8 项岗位责任制、26 项操作规程、11 项管理制度、22 条基层建设、企业管理和安全、质量管理的理念及警示语制作成标志牌，放置、悬挂在工作场所适宜位置，使职工操作时便于对照和检查。针对机修保障的准时要求，成立了油井、气井、机修和前保应急四个保障小组，在接到钻井队和项目部的指令后，两小时之内必须领好材料并出发，对钻井队要更换的设备提前修好，准时更换。

4）规范行为，提升素养。提升职工素养，是 8S 管理的落脚点，该车间在职工行为规范中，针对职工岗位操作中的习惯性违章和工具使用后随手乱放等行为，以规范日常操作行为为重点，从最简单的"起吊重物不拴引绳、喷漆作业不戴口罩"等习惯性违章抓起，收集编写了员工日常行为规范手册，人手一册，相互监督遵守。对以往比较零乱的起吊绳套焊制专用支架，分规格、型号、起吊吨位进行了明确标识和定位，逐步纠正职工过去"随用随放、随用随扔"的不良习惯，提高了规章制度、工艺标准的执行力。对各岗位、场所及所有物品的管理，全部细化分解到每个具体责任人和巡查人，做到"四到现场""四个做到"，即：心里想着现场、眼睛盯着现场、脚步走在现场、功夫下在现场；熟知每一个工艺流程、准确掌握每一个工序、正确启停每一台设备、果断排除每一项故障。每天根据作业内容不同，采用操作人员自己识别、班组长帮助分析、车间管理干部现场监控、安全员加大巡查力度等一系列措施，对 8S 执行情况进行反思，从细节上培养职工"只有规定动作、没有自选动作"的良好习惯和扎实作风。

同时，该车间严格考核激励机制，按优秀员工（18%）、合格员工（80%）、末位员工（2%）的比例，每月对 8S 管理运行情况进行考评，对优秀员工给予奖励，对末位员工进行教育培训，并注重捕捉 8S 管理的闪光点，将创建学习型班组、标准化班组、评先创优活动等融入管理之中，确保 8S 管理方法的推行力度，增强员工参与 8S 管理的热情。

二、实施 8S 管理，产生良好管理效应

该车间通过实施 8S 管理，推行标准化车间建设，产生了"四个提高"的管理效应。

1）提高了员工素质。8S 管理提高了员工的素质，有 16 人在机修公司、总公司组织的技术比武中获奖，许多技术骨干在改善修理环境、改进工艺管理、提升修理质量的过程中，改造、创新了十多项工艺、工序、工装设施，解决了现场管理、质量检测等环节中存在的诸多问题。特别是自行设计制造的钻井设备清洗装置，通过利用蒸汽锅炉的热能，配合合理的化学药品配方，控制池内温度，掌握浸泡时间，实现了腐蚀剥落漆皮，清洗泥土、油污之效

果，解决了修理现场的脏、乱、差，提高了所修设备外观质量。与兰州××机械研究所联合研制的钻井设备综合试验台，实现了以全程控制气路、电路、传感线路的方式，对绞车、泥浆泵、水龙头、转盘等十大类47种设备的加载试验，运用计算机远程遥控测试了各种钻井设备的冲次、压力、排量、油温、轴承温度、输入转矩等20多项技术参数，全程记录打印测试数据和曲线，填补了局内钻井设备加载试验的空白，把多年来存在的钻井设备修理质量问题基本解决在了厂内。

2）提高了员工的安全意识。员工普遍熟知安全生产的方针政策、规章制度、岗位应知应会，清楚并能正确预防、削减岗位作业中的隐患和风险，实现了无大小人身、设备事故。2006年被评为钻井总公司安全生产先进集体。

3）提高了现场管理水平。车间推行了管理人员"走动式管理"，各位管理人员每日坚持携带8S管理手册，两次到相应的岗位、场所进行巡视检查，现场解决实际问题；对解体、清洗、修理、装配、试车等工序程中易出现的质量问题，建立质量管理点，设立设备修理检验卡片、设备修理质量控制点卡片，实行专人看板管理，推进了质量管理的工序化、严格化。同时，现场管理出现了如下"五大变化"：

① 办公室、公房墙面干净，窗明地洁。

② 场地清洁、区域清晰、布局合理、通道畅通、分类摆放、整齐文明。

③ 更衣室、休息室统一标准，统一管理，干净利索，无臭味、无杂物、无乱摆乱放现象。

④ 工具箱规格统一，干净无油污，工具定置定位管理，无多余工件、工具和杂物。

⑤ 自用设备无油泥，无滴漏，真正实现了轴见光和槽见沟，"四不漏"、见本色。

4）提高了工作效率。××××年，该车间完成设备修理835.75标准台，产值1477.07万元，创利润763.62万元，同比分别提高了39%、41%和80.1%。

巩固与提高

一、简答题

1. 简述8S管理标准化车间建设包括哪些。

2. 简述8S管理标准化车间建设可以给现场管理带来哪"五大变化"。

二、判断题

1. 锉配件的划线，必须准确，线条清晰，两面同时一次划出，特别是内山形件。　（　　）

2. 锯削山形件斜线时，注意起锯，避免划伤表面。　（　　）

☞任务评价

零件加工结束后，把学生的表现情况和任务检测结果填入表9-4。

表9-4　任务评价表

项目九　90°山形件锉配

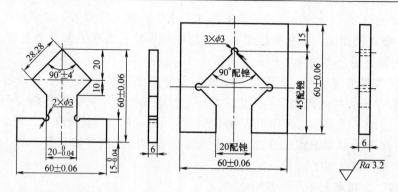

	考核内容	分值	自评	互评	教师评价
职业素养	1)协作精神	5			
	2)纪律观念	10			
	3)表达能力	5			
	4)工作态度	5			
理论知识点	1)錾子的组成	5			
	2)锉配的类型	5			
	3)锉配的一般原则	5			
操作知识点	1)28.28mm(2 处)	2×2			
	2)$20_{-0.04}^{0}$ mm	4			
	3)60mm±0.06 mm(4 处)	4×2			
	4)$15_{-0.04}^{0}$mm(2 处)	2×2			
	5)90°+4′(6 处)	1×6			
	6)表面粗糙度值 Ra≤3.2μm(16 处)	0.5×16			
	7)配合间隙≤0.05mm(16 处)	1×16			
	8)安全文明生产	10			
总　　分		100			

评语：

专业和班级		姓名		学号	

指导教师：

_____年_____月_____日

任务总结

我学到的知识点	1) 2) 3) 4)
还需要进一步提高的操作练习（知识点）	1) 2) 3) 4)
存在疑问或不懂的知识点	1) 2) 3) 4)
应注意的问题	1) 2) 3) 4)
其他	1) 2) 3) 4)

项目十　制作划规

学习目标

1. 掌握条形料的矫正方法。
2. 掌握角度锉配方法。
3. 掌握借助相关手册，熟练查阅零件、刃具所用材料的牌号、用途、分类、性能等。
4. 掌握几何精度的控制方法。

技能目标

1. 能识读划规零件图。
2. 能正确使用游标万能角度尺、游标卡尺、刀口形直角尺等量具。
3. 能正确对条形料划线。
4. 能按规定正确铆接零件。
5. 进一步巩固各项钳工技能。

任务描述

工件如图 10-1 所示，件 1、件 2 结构与尺寸相同，件 1 毛坯：175mm × 22mm × 7mm，件 2 毛坯：175 mm × 22mm × 7mm，垫片（厚度为 2mm，内孔为 ϕ5mm 和外径为 ϕ17mm）和 ϕ5mm 铆钉（材料为 Q235）各 1 个。

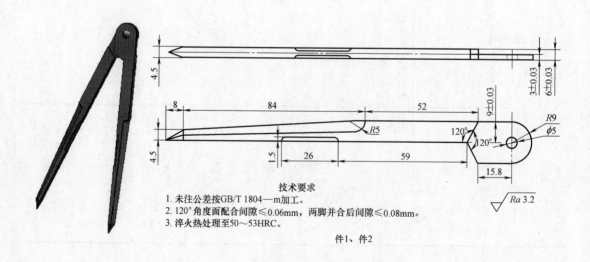

技术要求

1. 未注公差按GB/T 1804—m加工。
2. 120°角度面配合间隙≤0.06mm，两脚并合后间隙≤0.08mm。
3. 淬火热处理至50～53HRC。

件1、件2

图 10-1　划规

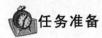**任务分析**

本任务为制作划规，其精度要求较高，在加工过程中需通过矫正、锯削、锉削、钻孔、铰孔和铆接达到图样要求。通过本次任务的学习和训练，学生应掌握一般工具的制作过程和方法。

任务准备

一、相关知识

1. 弯形

（1）弯形的基本概念　弯形指将原来平直的板材或型材弯成所需的曲线形状或角度的操作。弯形操作要求材料具有较高的塑性。钢板弯形前后情况如图 10-2 所示。钢板变形后，外层材料伸长（图中 e-e 和 d-d）；内层材料缩短（图中 a-a 和 b-b）；中间一层（图中 c-c）材料保持原长度不变，该层为中性层。材料弯形部分虽然发生了拉伸和压缩，但其截面面积保持不变。

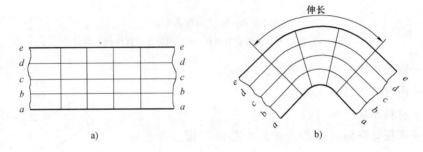

图 10-2　钢板弯形前后情况
a）弯形前　b）弯形后

弯形工件中，越靠近材料表面的金属，其变形越严重，也越容易出现断裂或压裂现象。

对于相同材料的弯形，工件外层材料变形的大小取决于工件的弯形半径。弯形半径越小，外层材料变形越大。为了防止弯形件断裂（或压裂），必须限制工件的弯形半径，使它大于导致材料开裂的临界弯形半径，弯形半径的最低限定值称为最小弯形半径。

最小弯形半径的数值一般由实验确定。对于常用钢材，其弯形半径如果大于 2 倍的材料厚度，一般就不会被弯裂。如果工件的弯形半径比较小时，应用两次或多次弯形，中间进行退火，避免弯裂。材料弯形虽然是塑性变形，但也有弹性变形存在。工件弯形后，由于弹性变形后的回复，使得弯形角度和弯形半径发生变化，这种现象称为回弹。工件在弯形过程中应多弯过一些，以抵消工件的回弹。

工件弯形后，只有中性层长度不变，因此计算弯形工件毛坯长度时，可以按中性层的长度计算。材料弯形后，中性层一般不在材料正中，而是偏向内层材料一侧。实验证明，中性层的实际位置与材料的弯形半径 r 和材料厚度 t 有关。

当材料厚度不变时，弯形半径越大，变形越小，中性层位置越接近材料厚度中心。如果材料弯形半径不变，材料厚度越小，变形越小，中性层就越接近材料厚度的几何中心。在不同弯形形状的情况下，中性层的位置是不同的，如图10-3所示。

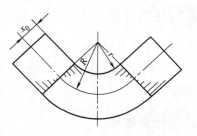

图 10-3　弯形时中性层的位置

几种常见的弯形形式，如图 10-4 所示。

内边带圆弧的制件毛坯长度等于直线部分（不变形部分）和圆弧部分中性层长度（弯形部分）之和。圆弧部分中性层长度可按下式计算

$$A = \pi(r + 0.5t)\frac{\alpha}{180°}$$

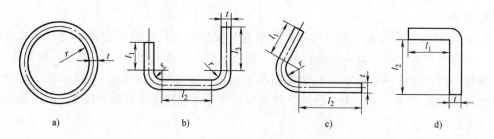

图 10-4　常见的弯形形式

a)、b)、c) 内边带圆弧的直角制件　d) 内边不带圆弧的直角制件

式中　A——圆弧长度（中性层长度）（mm）；

r——内弯形半径（mm）；

t——材料厚度（mm）；

α——弯任意形角（也称为弯形中心角）度。弯形整圆时，$\alpha = 360°$；弯形直角时，$\alpha = 90°$，如图 10-5 所示。

对于内边弯形成直角不带圆弧的制件，求毛坯长度时，可按 $\alpha = 0$ 进行计算。

内边弯形成直角不带圆弧的制件，求毛坯长度时，可按弯形前后毛坯体积不变的原理计算，一般采用经验公式计算，取

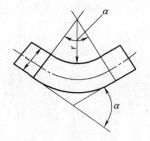

图 10-5　弯形角

$$A = 0.5t$$

（2）弯形的方法　工件的弯形有冷弯和热弯两种。在常温下进行的弯形称为冷弯，常由钳工完成，适用于加工厚度在 5mm 以下的工件。热弯是将工件弯形部分加热后再进行弯形，常由锻工完成，适用于加工厚度在 5mm 以上的工件。

常见的手工弯形如下。

1）板料弯形，见表 10-1。

2）管料弯形。弯制直径为 $\phi12cm$ 以下的管料，一般可用冷弯方法进行；对于直径为 $\phi12cm$ 以上的管料，则用热弯方法。最小弯形半径必须大于管料直径的 4 倍。

当弯形的管料直径为 $\phi10mm$ 以上时，为了防止管料弯瘪，必须在管内灌注干砂，两端用木塞塞紧，如图 10-6a 所示；对于有焊缝的管料，焊缝必须放在中性层位置上，如图 10-6b 所示，否则会使焊缝开裂。

表 10-1 板料弯形方法及说明

名称	弯形方法或顺序图示	说明
弯直角工件	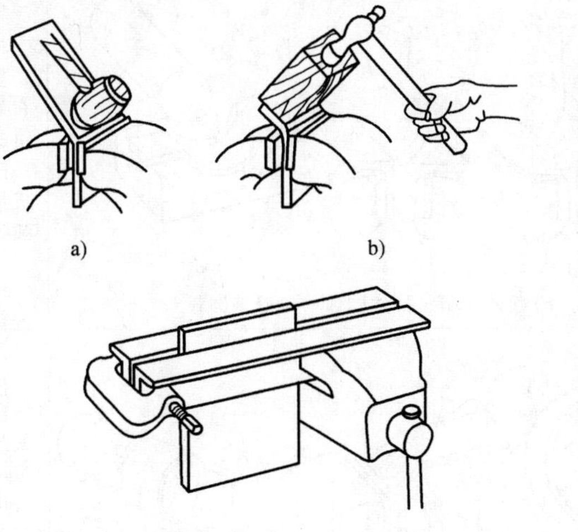 a) 弯较长直角工件 b) 弯较短直角工件 c) 弯比钳口长的工件	工件形状简单、尺寸不大时，可在台虎钳上夹持，进行弯形。弯形前先在弯形部位划线，线与钳口（或垫铁）对齐，在接近划线处锤击。如果弯形线以上部分较长时，左手压住板料上部，防止敲击时回弹，然后用木锤在靠近弯形部位的全长上轻轻敲打，如图 a 所示；当弯形线以上部分较短时，应用硬木垫在弯形处敲打，如图 b 所示；如果工件比钳口长时，可用角铁制作的夹具夹持工件，如图 c 所示
弯弓形工件	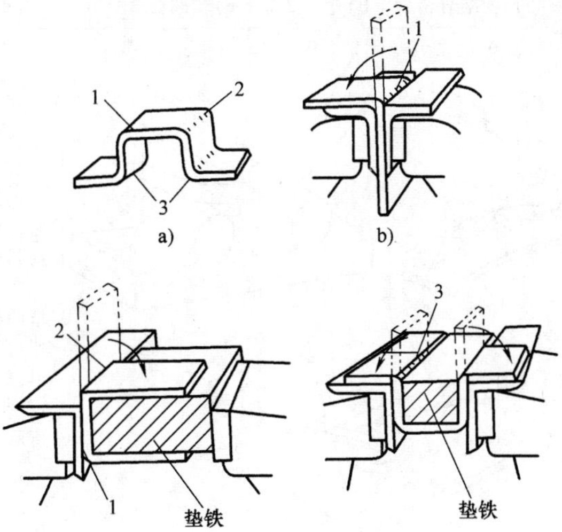 a) 弓形工件 b) 弯角 1 c) 弯角 2 d) 弯角 3	弯图 a 所示工件，须做与工件形状、尺寸相适应的胎具，按工艺程序弯曲，先弯角 1，然后弯角 2，最后弯两个角 3，如图 b、c、d 所示
弯圆弧工件	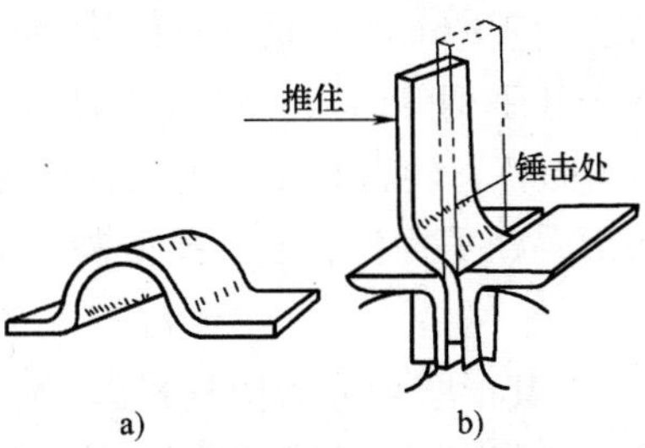 a) 圆弧工件 b) 弯一端	弯图 a 所示带圆弧工件，先在毛坯上划线，按线夹在台虎钳的两块垫铁里，用锤子的窄头锤击，按图 b、c、d 所示初步成形，然后在半圆模上修整圆弧，如图 e 所示

（续）

名称	弯形方法或顺序图示	说明
弯圆弧工件	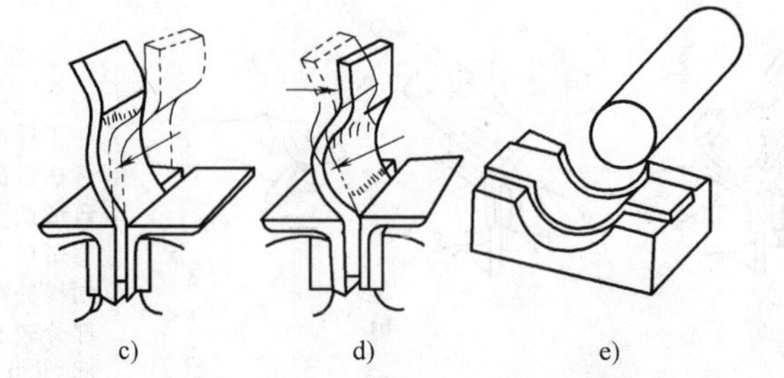 c)弯另一端　d)弯圆弧　e)修整圆弧	弯图 a 所示带圆弧工件，先在毛坯上划线，按线夹在台虎钳的两块垫铁里，用锤子的窄头锤击，按图 b、c、d 所示初步成形，然后在半圆模上修整圆弧，如图 e 所示
弯圆弧和角度结合工件	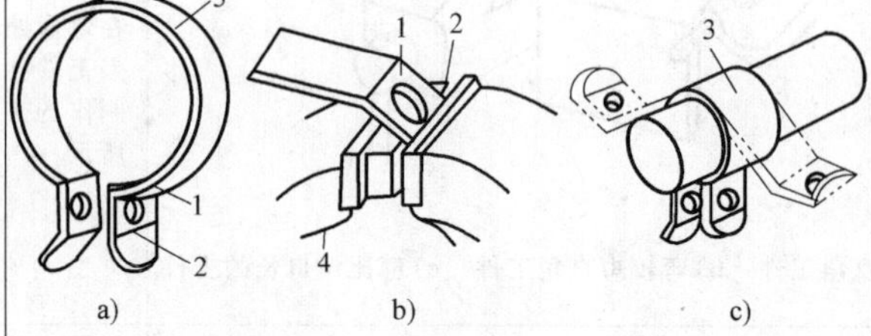 a)圆弧和角度结合工件　b)弯1、2处　c)弯圆弧 3	弯图 a 所示工件时，先在较长的毛坯上划线，弯形前先加工两端的圆弧和孔。弯形时，可用垫将板料夹在台虎钳内，将两端的1、2处弯形，如图 b 所示，最后在圆钢上弯工件的圆弧 3，如图 c 所示
板料在宽度上的弯形	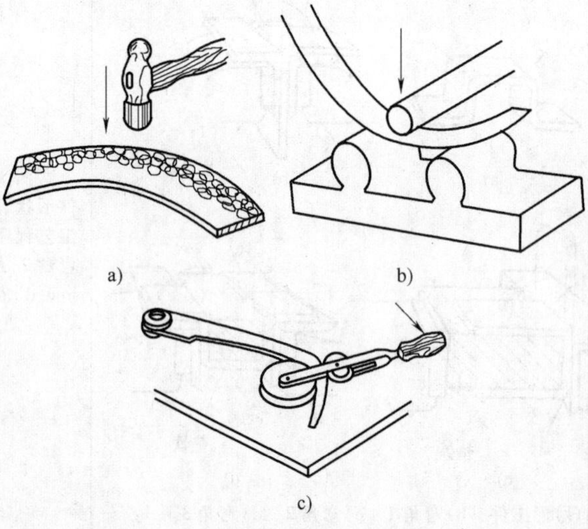	利用金属材料的延展性，在弯形的外弯部分进行锤击，使材料向一个方向渐渐延伸，达到弯形的目的，如图 a 所示；较窄的板料可在 V 形铁或特制的弯形模上用锤击法，使工件弯形，如图 b 所示；也可在简单的弯形工具上进行弯形，如图 c 所示

　　冷弯管料通常用弯管工具进行。图 10-6c 所示是一种结构简单、弯曲小直径管料的弯管工具。它由底板、转盘、靠铁、钩子和手柄等组成，转盘圆周和靠铁侧面上有圆弧槽。圆弧按所弯管料直径而定（最大可制成 6mm），转盘和靠铁的位置固定后即可使用。使用时，将所弯管料插入转盘和靠铁的圆弧槽中，钩子钩住管料，按所需弯形的位置，扳动手柄，使管料跟随手柄弯制到所需的角度。

　　3）盘弹簧。弹簧的种类很多，按其形状可分为圆柱形弹簧、圆锥形弹簧和专用扭转弹簧等，如图 10-7 所示；按其工作性质可分为压缩弹簧、拉伸弹簧、扭转弹簧等。最常用的是圆柱形螺旋压缩弹簧。

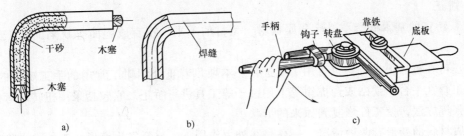

图 10-6 冷弯管料及工具

a) 管料灌干砂 b) 焊缝在中性层位置 c) 弯管工具

手工盘圆柱形螺旋压缩弹簧是钳工最基本的操作之一。盘弹簧前应先做好一根盘弹簧用的心轴，心轴一端开槽或钻小孔，另一端弯成摇手柄式的直角弯头，通过夹板夹在台虎钳中，如图 10-8 所示，摇动手柄并同时使心轴稍向前移，即可盘出圆柱形压缩弹簧。当盘到一定长度后，将弹簧从心轴上取下，将原来较小的圈距按规定拉长，并按规定的圈数稍长一些截断。在砂轮上磨平两端面，最后在热砂内或热钢板上低温回火。

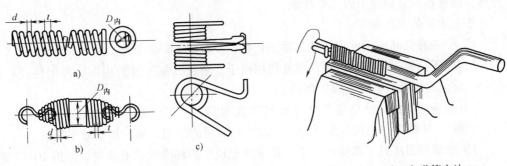

图 10-7 各种弹簧

a) 圆柱形螺旋压缩弹簧 b) 圆锥形拉伸弹簧 c) 专用扭转弹簧

图 10-8 手工盘弹簧方法

确定心轴的直径尺寸时，应考虑到弹簧盘好以后，绕力消除，在钢丝本身弹性恢复力的作用下，弹簧的直径会随之增大，圈距和长度也随之加长。由于这种现象的存在，预制心轴的直径应比弹簧的内径要小。

计算心轴直径的经验公式

$$D_{外} = \frac{D_{内}}{K}$$

式中　$D_{外}$——心轴外径尺寸（mm）；

　　　$D_{内}$——弹簧内径尺寸（mm）；

　　　K——材料强度对弹性影响的系数（表 10-2）

表 10-2　由钢丝抗拉强度决定的 K 值表

钢丝的抗拉强度极限 σ_b/MPa	K 的数值	钢丝的抗拉强度极限 σ_b/MPa	K 的数值
1000 ~ 1500	1.05	2250 ~ 2500	1.16
1500 ~ 1750	1.10	2500 ~ 2750	1.18
1750 ~ 2000	1.12	2750 ~ 3000	1.20
2000 ~ 2250	1.14	3000 ~ 3250	1.22

2. 矫正

（1）矫正的基本概念　消除金属板材、型材的不平、不直或翘曲等缺陷的加工过程称为矫正。

矫正可在机器上进行，也可用手工进行。本项目着重介绍钳工常用的手工矫正的方法。手工矫正是在平台、铁砧或台虎钳等上用锤子等工具进行矫正。它包括采用扭转、弯曲、延展和伸张等方法，使工件恢复到原来的形状。

金属材料的变形有两种情况：一种是在外力作用下，材料发生变形，当外力去除后，仍能恢复原状，这种变形称为弹性变形；另一种是当外力去除后，不能恢复原状，这种变形称为塑性变形。

矫正是对塑性变形而言的，所以只有塑性好的材料，才能进行矫正。而塑性差、脆性大的材料，如铸铁、淬硬钢等就不能矫正，否则工件易发生断裂。

矫正过程中，材料在外力作用下，金属组织变得紧密，所以矫正后，金属材料表面硬度增加，脆性增加。这种在冷加工塑性变形过程中产生的材料变硬的现象，称为冷硬现象（即冷作硬化）。冷硬后的材料给进一步的矫正或其他冷加工带来困难，必要时可进行退火处理，使材料恢复到原来的力学性能。

手工矫正的工具如下：

1）平板和铁砧　平板和铁砧是矫正板材、型材或工件的基座。

2）锤子。矫正一般材料时，通常使用锤子。矫正已加工过的表面、薄钢件或有色金属制件，应使用木锤、铜锤或橡胶锤等。

3）抽条和拍板。抽条是条状薄板料弯成的简易手工工具，用于抽打面积较大的薄板料，如图10-9所示。拍板是用质地较硬的木材制成的专用工具，用于敲平板料。

4）螺旋压力工具。螺旋压力工具用于矫正较长的轴类零件或棒料，如图10-10所示。

5）检验工具。包括划线平台、刀口形直角尺、钢直尺和百分表。

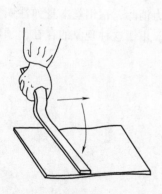

图10-9　用抽条抽打平板料

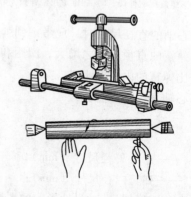

图10-10　螺旋压力工具矫正轴类零件

（2）矫正方法

1）板材的矫正。

① 板料的矫正。板料中间凸起，是由于变形后中间材料变薄而引起的，矫平时必须锤击板料边缘，使边缘的厚度与凸起部位厚度接近，越接近则越平整。锤击时，由里向外逐渐

由轻到重，由稀到密，如图 10-11b 所示。图 10-11a 所示为不正确的矫平方法。

如果板料有多处凸起，应先锤击凸起的交界处，使所有分散的凸起部分聚集成一个总的凸起部分，然后再锤击四周而矫平。

如果薄板有微小扭曲，可用抽条从左到右按顺序抽打平面，因抽条与板料接触面积较大，受力均匀，故容易达到平整。

如果板料四周呈波浪形而中间平整，这说明板料四边变薄而伸长了。矫平时，按图中箭头方向由四周向中间锤打（图 10-12），密度逐渐变大，经过反复多次锤打，使板料达到平整。

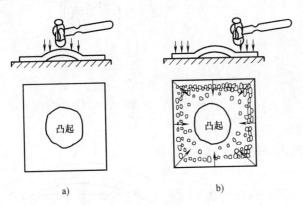 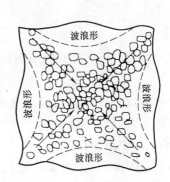

图 10-11　中凸板料的矫平方法　　　　　图 10-12　四周呈波浪形
a）不正确　b）正确　　　　　　　　　　　板料的矫平方法

对厚度很薄而性质很软的铜箔一类的材料，可用平整的木块在平板上推压材料的表面，使其达到平整。有些装饰面板之类的铜、铝制品，不允许有锤击印痕时，可用木锤或橡胶锤锤击。

② 条料的矫正。条料扭曲变形时，可用扭转的方法进行矫正，将工件的一端夹在台虎钳上，用类似扳手的工具或活扳手夹住工件的另一端，左手按住工具的上部，右手握住工具的末端，旋力使工件扭转到原来的形状，如图 10-13 所示。

矫正条料在厚度上的弯形时，可把条料近弯形处夹入台虎钳，然后在它的末端用扳手朝反方向扳动，使其弯形处初步扳直，如图 10-14a 所示；或者将条料的弯曲处放在台虎钳口内，利用台虎钳将它初步夹直，以消除显著弯形现象，如图 10-14b 所示，然后再放到划线平台或铁砧上用锤子锤打，逐步矫正到所要求的平直度。

矫正条料在宽度方向上的弯形时，可先将条料的凸面向上放在铁砧上，锤打凸面，然后再将条料平放在铁砧上用延展法来矫正，如图 10-15 所示。延展法矫正时，必须锤打弯形的内弧一边的材料，经锤打后使这一边材料伸长而变直。如果条料的断面十分宽而薄，则只能直接用延展法来矫正。

2）角钢的矫正。

① 弯形的矫正。角钢弯形有外弯和内弯，无论哪一种变形，都可将凸起处向上平放在铁砧上进行矫正，如图 10-16 所示。如果是内弯，应锤击角钢一条边的凸起处，经过由重到轻的锤击，角钢的外侧面会逐渐趋于平直。但必须注意，角钢与砧座接触的一边必须和砧面

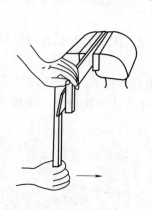

图 10-13　用扭转法矫正条料

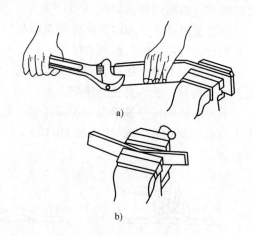

图 10-14　矫正条料
a）用扳手初步扳直　b）用台虎钳初步夹直

垂直。如果是外弯，应锤击角钢凸起的一条边，不应
锤击凸起的面。经过锤击，角钢的内侧面会随着角钢
的边一起逐渐平直。

②扭曲变形的矫正。矫正扭曲的角钢，应将平直
部分放在铁砧上，锤击上翘的一面，如图 10-17 所
示。锤击时，应由边向里，由重到轻。锤击一遍后，
反方向再锤击另一面，锤击几遍可使角钢矫正。但必
须注意手扶平直的一端，离锤击处要远一些，防止锤击时震手。

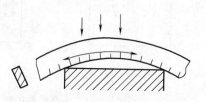

图 10-15　用延展法矫正条料

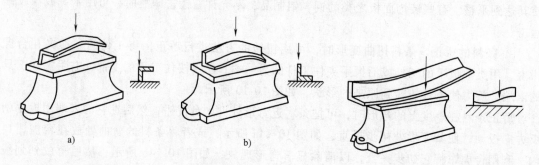

图 10-16　在铁砧上矫正角钢弯形
a）内弯法　b）外弯法

图 10-17　在铁砧上矫正角钢扭曲变形

③角度变形的矫正。当角钢发生角度变形时，可以在 V 形架上或平台上锤击矫正，如
图 10-18 所示。

3）棒类和轴类零件的矫直。棒类和轴类零件的变形主要是弯曲，一般用锤击的方法矫
直。矫直前，先检查零件的弯曲程度和弯曲部位，并用粉笔做好记号，然后使凸部向上，用
锤子连续锤击凸处，使凸起部位逐渐消除。对于外形要求较高的棒料，为了避免直接锤击损
坏其表面，可用合适的摔锤置于棒料凸起处，然后锤击摔锤的顶部，使其矫直，如图 10-19
所示。

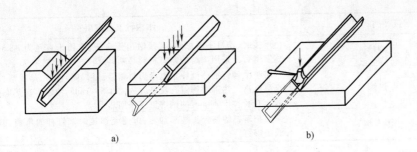

图 10-18 角钢角变形的矫正

直径较大的棒类、轴类零件，矫直时先把轴装在顶尖上，找出弯曲部位，然后将其放在 V 形架上，用螺旋压力工具矫直。压时可适当压过一些，以便抵消因弹性变形所产生的回弹（回跳）。用百分表检查轴的弯曲情况，边矫直，边检查，直到符合要求。

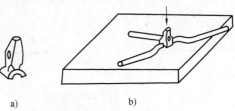

图 10-19 棒类零件矫直
a）摔锤 b）棒料矫直

对卷曲的细长线料，可用伸张法来矫正，如图 10-20 所示。将卷曲的线料一端夹在台虎钳上，从钳口处的一端开始，把线在圆木上绕一圈，握住圆木向后拉，使线材伸张而矫直。

3. 铆接

铆接指用铆钉连接两个或两个以上的零件或构件的操作方法。铆接过程如图 10-21 所示。

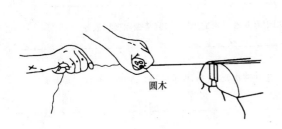

图 10-20 用伸张法矫直细长线料

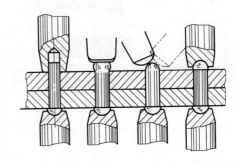

图 10-21 铆接过程

（1）铆接的种类 铆接的种类及应用见表 10-3。

表 10-3 铆接的种类及应用

铆接种类			结构特点及应用
按使用要求分类	活动铆接		其结合部位可以相互转动。用于钢丝钳、剪刀、划规等工具的铆接
	固定铆接	紧固铆接	应用于结构需要有足够的强度、承受强大作用力的地方，如桥梁、车辆、起重机等
		紧密铆接	只能承受很小的均匀压力，但要求接缝处非常严密，以防渗漏。应用于低压容器装置，如气筒、水箱、油罐等
		强密铆接	能承受很大的压力，要求接缝非常严密，即使在较大压力下液体或气体也应保持不渗漏。一般应用于锅炉、压缩空气罐及其他高压容器

（续）

铆接种类		结构特点及应用
按铆接方法分类	冷铆	铆接时，铆钉不需加热，直接镦出铆合头，应用于直径为 φ8mm 以下的钢制铆钉。采用冷铆的铆钉材料必须具有较好的塑性
	热铆	将整个铆钉加热到一定温度后再铆接。铆钉塑性好，易成形，冷却后结合强度高。热铆时铆钉孔直径应放大 0.5～1mm，使铆钉在热态时容易插入。直径大于 φ8mm 的钢铆钉多采用热铆
	混合铆	只把铆钉的铆合头端部加热，以避免铆接时铆钉杆的弯曲。适用于细长的铆钉

（2）铆钉及铆接工具

1）铆钉。铆钉按其材料不同可分为钢质铆钉、铜质铆钉、铝质铆钉；按其形状不同可分为平头铆钉、半圆头铆钉、沉头铆钉、半圆沉头铆钉、管状空心铆钉和传动带铆钉。铆钉的种类及应用见表10-4。

表 10-4　铆钉的种类及应用

名称	形状	应用
平头铆钉	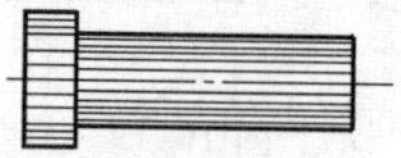	铆接方便，应用广泛，常用于无特殊要求的铆接中，如铁皮箱盒、防尘罩壳及其他结合件中
半圆头铆钉	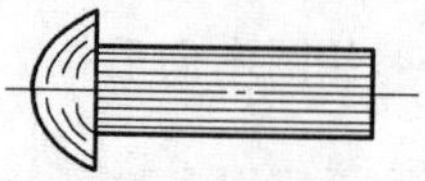	应用广泛，如钢结构的屋架、桥梁及车辆和起重机等常用这种铆钉
沉头铆钉	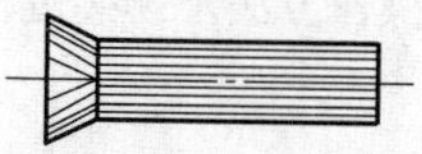	应用于框架等制品表面要求平整的地方，如铁皮箱柜的门窗及一些手用工具等
半圆沉头铆钉	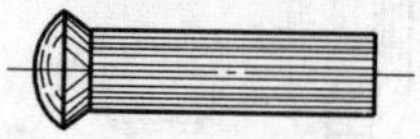	用于有防滑要求的地方，如脚踏板和楼梯板等
管状空心铆钉	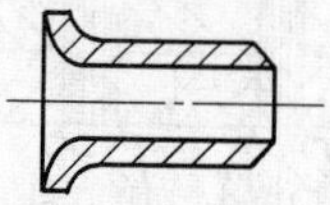	用于在铆接处有空心要求的地方，如电器部件的铆接等
传动带铆钉	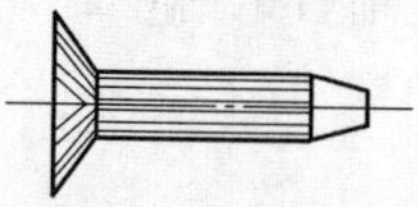	用于铆接机床制动带及毛毡、橡胶、皮革材料等

铆钉的标记中一般要标出直径、长度和国家标准代号。如"铆钉 GB 867—86—5×20"表示铆钉公称直径为 5mm，公称长度为 20mm，国家标准代号为 GB 867—86。

2）铆接工具。手工铆接工具除锤子外，还有压紧冲头、罩模、顶模等，如图 10-22 所示。罩模用于铆接时镦出完整的铆合头；顶模用于铆接时顶住铆接原头，这样既有利于铆接，又不损伤铆接原头。

（3）铆接形式及铆距

1）铆接形式。由于铆接时的构件要求不一样，所以铆接分为搭接、对接、角接等几种形式，如图 10-23 所示。

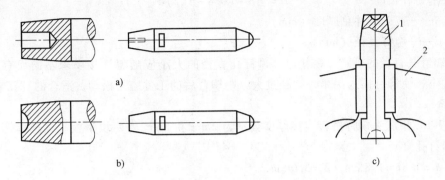

图 10-22　手工铆接工具

a) 压紧冲头　b) 罩模　c) 顶模

1—顶模　2—台虎钳

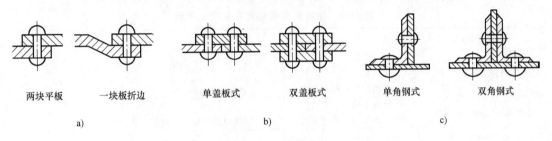

两块平板　　一块板折边　　　　单盖板式　　双盖板式　　　　单角钢式　　双角钢式

a)　　　　　　　　　　　　　b)　　　　　　　　　　　c)

图 10-23　铆接形式

a) 搭接　b) 对接　c) 角接

2）铆距。铆距指铆钉间或铆钉与铆接板边缘的距离。在铆接连接结构中，有三种隐蔽性的损坏情况，即：沿铆钉中心线被拉断、铆钉剪切断裂、孔壁被铆钉压坏。因此，按结构和工艺的要求，铆钉的排列距离有一定的规定，如铆钉并列排列时，铆钉距 $t \geqslant 3d$（d 为铆钉直径）。铆钉中心到铆接板边缘的距离：如铆钉孔为钻孔，该距离约为 $1.5d$；如铆钉孔为冲孔，该距离约为 $2.5d$。

（4）铆钉直径、长度及铆钉孔直径的确定

1）铆钉直径的确定。铆钉直径的大小与被连接板的厚度有关，当被连接板的厚度相同时，铆接直径等于板厚的 1.8 倍；当被连接板的厚度不同，搭接连接时，铆钉直径等于最小板厚的 1.8 倍。铆钉直径见表 10-5，可以在计算后按其进行圆整。

表 10-5　铆钉直径及铆钉孔直径　　　　　　　　（单位：mm）

铆钉直径 d		2.0	2.5	3.0	4.0	5.0	6.0	8.0	10.0
铆钉孔直径 d_0	精装配	2.1	2.6	3.1	4.1	5.2	6.2	8.2	10.3
	粗装配	2.2	2.7	3.4	4.5	5.6	6.5	8.5	11

2）铆钉长度的确定。计算铆钉杆所需的长度时，除了考虑被铆接件的总厚度外，还需保留足够的伸出长度，以用来铆制完整的铆合头，从而获得足够的铆合强度。铆钉杆的长度可用下式计算

半圆头铆钉杆长度　　　　　　　　$L = \sum \delta + (1.25 \sim 1.5)d$

沉头铆钉杆长度 $\qquad L = \sum \delta + (0.8 \sim 1.2)d$

式中　$\sum \delta$——被铆接件总厚度（mm）；

　　　　d——铆钉直径（mm）。

3）铆钉孔直径的确定。铆接时，铆钉孔直径的大小应随着连接要求不同而有所变化。如孔径过小，使铆钉插入困难；孔径过大，则铆合后的工件容易松动，适合的钉孔直径应按表 10-5 选取。

例 10-1　用沉头铆钉搭接连接厚度分别为 2mm 和 5mm 的两块钢板，试选择铆钉直径、长度及铆钉孔直径。

解：$d = 1.8t = 1.8\text{mm} \times 2 = 3.6\text{mm}$

按表 10-5 圆整后，取 $d = 4\text{mm}$

$L = \sum \delta + (0.8 \sim 1.2)d = 2\text{mm} + 5\text{mm} + (0.8 \sim 1.2) \times 4\text{mm} = 10.2 \sim 11.8\text{mm}$

铆钉孔直径：精装配时为 4.1mm；粗装配时为 4.5mm。

（5）铆接废品分析　在铆接中可能产生的废品形式及其产生原因见表 10-6。

表 10-6　铆接的废品形式及其产生原因

废品形式	产 生 原 因
铆合头偏歪	① 铆钉太长 ② 铆钉歪斜 ③ 镦粗铆合头时不垂直
铆合头不光洁或有凹痕	① 罩模工作面不光洁 ② 铆接时锤击力过大或连续锤击,罩模弹回时棱角碰在铆合头上
半圆铆合头不完整	铆钉太短
沉头座没填满	① 铆钉太短 ② 镦粗时锤击方向与板料不垂直
圆铆钉头没有紧贴工件	① 铆钉孔直径太小 ② 孔口没有倒角
工件上有凹痕	① 罩模歪斜 ② 罩模凹坑太大
铆钉杆在孔内弯曲	① 铆钉孔太长 ② 铆钉杆直径太小
工件之间有间隙	① 板料不平整 ② 板料没有压紧

二、加工准备

工、量具准备清单见表 10-7。

表 10-7　工、量具准备清单

序号	名　称	规　格	数量	备注
1	游标卡尺	0 ~ 150mm, 0.02mm	1	
2	游标万能角度尺	0° ~ 320°, 2′	1	
3	游标高度尺	0 ~ 300mm, 0.02mm	1	
4	刀口形直尺	125mm	1	

（续）

序号	名　称	规　格	数量	备注
5	刀口形直角尺	160mm × 100mm	1	
6	钢直尺	150mm	1	
7	千分尺	0~25mm,25~50mm,50~75mm	各1	
8	锉刀	自定	1	
9	三角锉	自定	1	
10	手锯	300mm	1	
11	锯条	300mm	若干	
12	钻头	ϕ3mm、ϕ4.9mm	1	
13	划针		1	
14	锤子	1kg	1	
15	研磨板	光滑平板	1	
16	磨料	棕刚玉	若干	
17	研磨粉		1	
18	软钳口		1	
19	锉刀刷		1	
20	毛刷		1	
21	铰刀	ϕ5mm		

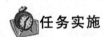任务实施

一、划规脚加工步骤

划规脚加工步骤见表10-8。

表 10-8　划规脚加工步骤

加工步骤	加工内容	图　样
1	矫正,对两划规脚毛坯作形状及尺寸检查,并进行矫正	
2	加工两划规脚外平面及内侧平面	
3	划出 3mm ± 0.03mm 和内、外 120°角的加工线	3 120° 120° 120° 15.8

（续）

加工步骤	加工内容	图　样
4	（1）粗锉两划规脚内侧面至中心线,粗锉内120°角度并留锉配余量 （2）粗锉两铆接面,粗锉外120°角度并留锉配余量	
5	（1）以划规右脚铆接面对面作为基准面,精锉铆接面达到图样要求,再锉削并修整左脚铆接面,最后配合严密无间隙 （2）锉削两个外侧立平面并留1mm余量,保证两脚配合在一起时两外立面平行 （3）将两个划规脚配合在一起后,锉削两个大面,锉至平面度要求并最大限度留有余量	
6	（1）划出孔的中心线 （2）检查孔心位置是否正确,正确时两脚合并夹紧同时加工ϕ4.9mm孔 （3）铰ϕ5mm孔	
7	（1）用M5的螺钉、螺母将划规右脚和划规左脚固定在一起,锉削上下两个大面至尺寸要求,并粗锉端部圆弧 （2）划出10mm、8mm、(8+84)mm、4.5mm倒角线、26mm×1.5mm线 （3）按尺寸加工两脚,锉削外形,注意尖部留少许余量	

（续）

加工步骤	加工内容	图　样
8	取下 M5 的螺钉、螺母，用 φ5mm 铆钉铆接，按垫片外径锉修 R9mm 圆弧，接触面抛光	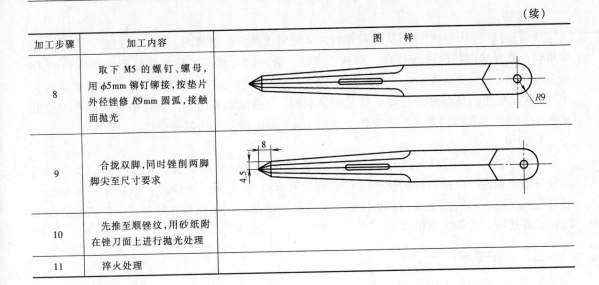
9	合拢双脚，同时锉削两脚脚尖至尺寸要求	
10	先推至顺锉纹，用砂纸附在锉刀面上进行抛光处理	
11	淬火处理	

二、教师点拨

1. 制作划规脚时，应先制作出一个基准，然后两面互研，接触区在 90% 以上为合格。

2. 划规脚铆接过程中，注意控制孔的尺寸，防止铆钉过松或过紧。

3. 制作前，先制作一个角度样板来校对划规头部角度。

职业素养提高

一、10S 管理是什么？

10S 管理是指整理（SEIRI）、整顿（SEITON）、清扫（SEISO）、清洁（SEIKETSU）、素养（SHITSUKE）、安全（SAFETY）、节约（SAVING）、速度（SPEED）、坚持（SHIKO-KU）、习惯（SHIUKANKA），因其均以"S"开头，因此简称 10S。

10S 管理是在 6S 管理（整理、整顿、清扫、清洁、素养、安全）基础上增加了 4 个 S，即节约、速度、坚持、习惯。

二、10S 管理新增的 4S 管理都是什么含义？

1. 速度

所谓速度（SPEED），其实就是整顿相对应的更高表现，如 10s 内甚至更短的时间即可找到要找的东西。在佳能部分中国工厂的制造车间，可以看到一句口号是"1 秒后百分百良品供给"，这句口号的意思与"速度"的意思大体相同。

2. 节约

所谓节约（SAVING），是在整顿的含义上演化及派生出来的。整顿 指的是将物品按有利于安全、品质、效率、美观的原则予以合理放置、标识，使之处于随时能自由拿取的状态，推行要领包括"彻底地进行整理""确定放置场所""规定放置方法""进行标识，使工作场所一目了然"。但是"节约"不仅指的是通过"效率予以合理放置"及与此发生的"节约场所"，还包括对节约拿取时间、对部品配置等资源的合理检讨及节约等。

3. 坚持

所谓坚持（SHIKOKU），是在素养的含义上演化及派生出来的。素养指的是，遵守决定的事情，并养成能随时进行整理、整顿、清扫、清洁的习惯，推行要领包括"持续推动 4S 直至习惯化""形成制度化，并要求员工遵守决定的事项""教育培训，培养良好素质的人才""激发员工的热情和责任感，铸造团队精神"。相对素养而言，坚持则更强调行为规范和各项方法持续实施的意义与重要性，没有 100％ 的坚持，一切都是空谈。

4. 习惯

所谓习惯化（SHIUKANKA），其实就是素养相对应的最高表现。如前所述，素养讲的是坚持遵守规定，而推行好的生产现场管理体系 6S，应经历三个阶段：形式化—行事化—习惯化。所以，习惯化是素养和坚持追求的目标及结晶。很多东西相辅相成，前者是后者的因，后者是前者的果，相得益彰。

三、新旧联系

新增 4S 与原来 6S 的联系：新增的 4S 与原来的 6S 有着息息相关的联系，与整顿、素养的内在联系尤深。6S 中的整理、整顿、清扫、清洁、素养和 10S 中的速度、节约侧重于务"实"，讲的是实际的日常行为规范，而 6S 中的安全 和 10S 中的坚持、习惯化侧重于务"虚"，强调的是思想、方法及策略。

🔲 巩固与提高

一、简答题

1. 简述弯形的定义。

2. 简述矫正的定义。

3. 简述矫正的方法。

二、判断题

1. 制作划规脚时，应先制作出一个基准，然后两面互研，接触区在 60％ 以上为合格。（　　）

2. 铆接划规脚过程中，注意控制孔的尺寸，防止铆钉过松或过紧。（　　）

☞任务评价

零件加工结束后，把学生的表现情况和任务检测结果填入表 10-9。

表 10-9 任务评价表

项目十 制作划规

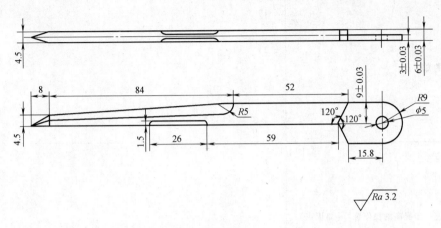

件1、件2

考 核 内 容		分值	自评	互评	教师评价
职业素养	1）协作精神	5			
	2）纪律观念	10			
	3）表达能力	5			
	4）工作态度	5			
理论知识点	1）板料的弯形方法	5			
	2）板材的矫正方法	5			
	3）铆接的种类	5			
操作知识点	1）9mm±0.03mm（2处）	3×2			
	2）6mm±0.03mm（2处）	2×2			
	3）120°角度面配合间隙≤0.06mm（2处）	3×2			
	4）两脚并合后间隙≤0.08mm	3×2			
	5）R9mm圆头光滑正确	4			
	6）φ5mm铆钉铆接松紧适宜,铆合头完整（2处）	2×2			
	7）两脚倒角对称正确（8处）	1×8			
	8）脚尖倒角对称正确（2处）	2×2			
	9）表面粗糙度值Ra≤3.2μm（8处）	1×8			
	10）安全文明生产	10			
总 分		100			

评语：

专业和班级		姓名		学号	

指导教师： _____年___月___日

任务总结

我学到的知识点	1) 2) 3) 4)
还需要进一步提高的操作练习(知识点)	1) 2) 3) 4)
存在疑问或不懂的知识点	1) 2) 3) 4)
应注意的问题	1) 2) 3) 4)
其他	1) 2) 3) 4)

项目十一 制作刀口形直角尺

学习目标

1. 掌握研磨的基础知识。
2. 掌握刀口形直角尺的划线方法。
3. 掌握借助相关手册，熟练查阅零件、刃具所用材料的牌号、用途、分类、性能等。
4. 掌握几何精度的控制方法。

技能目标

1. 能正确选用研磨剂。
2. 能正确使用游标万能角度尺、游标卡尺、刀口形直角尺等量具。
3. 能正确选择研具。
4. 能正确进行研磨操作，并选择合适的检验方法进行检验。
5. 进一步巩固各项钳工技能。

任务描述

工件如图 11-1 所示，毛坯：105mm×75 mm×7mm。

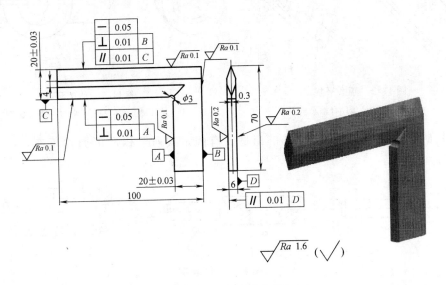

图 11-1　刀口形直角尺

任务分析

本任务为制作刀口形直角尺，其精度要求较高，在加工过程中需通过锯削、锉削、研磨达到图样要求。通过本次任务的学习和训练，学生应掌握一般量具的制作过程和方法。

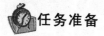**任务准备**

一、工、量具知识

研磨是使用研磨工具（研具）和研磨剂，从工件表面上磨掉一层极薄的金属，使工件达到精确的尺寸、准确的几何形状和很小的表面粗糙度值的加工方法。

1. 研具类型

生产中需要研磨的工件是多种多样的，不同形状的工件应用不同类型的研具。常用的研具有以下几种。

（1）研磨平板　主要用来研磨平面，如研磨块规、精密量具的平面等，它分光滑平板和有槽平板两种，如图 11-2 所示。有槽平板用于粗研，研磨时易于将工件压平，可防止将研磨面磨成凸弧面；精研时，则应在光滑平板上进行。

（2）研磨环　主要用来研磨外圆柱表面。研磨环的内径应比工件的外径大 0.025 ~ 0.05mm，其结构如图 11-3 所示。当研磨一段时间后，若研磨环内孔磨大，拧紧调节螺钉 3，可使孔径缩小，以达到所需间隙，如图 11-3a 所示。图 11-3b 所示的研磨环，其孔径的调整则靠右侧的螺钉。

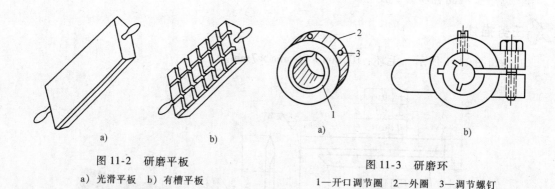

图 11-2　研磨平板　　　　　　　　图 11-3　研磨环

a）光滑平板　b）有槽平板　　　1—开口调节圈　2—外圈　3—调节螺钉

（3）研磨棒　主要用于圆柱孔的研磨，有固定式研磨棒和可调式研磨棒两种，如图 11-4 所示。

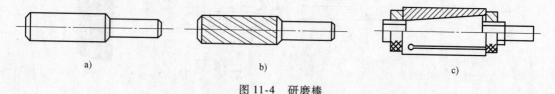

图 11-4　研磨棒

a）固定式光滑研磨棒　b）固定式带槽研磨棒　c）可调式研磨棒

固定式研磨棒制造容易，但磨损后无法补偿，多用于单件研磨或机修中。对工件上某一尺寸孔的研磨，需要两三个预先制好的有粗、半精、精研磨余量的研磨棒来完成。有槽研磨棒用于粗研，光滑研磨棒用于精研。

2. 研具材料

研具材料应满足如下技术要求：材料的组织要细致均匀，要有很高的稳定性和耐磨性，具有较好的嵌存磨料的性能，工作面的硬度应比工件表面硬度稍软。

常用的研具材料有如下几种。

（1）灰铸铁　它有润滑性好、磨耗较慢、硬度适中、研磨剂在其表面容易涂布均匀等优点，是一种研磨效果较好、价廉易得的研具材料，因此得到广泛的应用。

（2）球墨铸铁　它比一般灰铸铁更容易嵌存磨料，且更均匀、牢固、适度，同时还能增加研具的耐用度。采用球墨铸铁制作研具已得到广泛应用，尤其用于精密工件的研磨。

（3）软钢　它的韧性较好，不容易折断，常用来制作小型的研具，如研磨螺纹和小直径工具、工件等。

（4）铜　性质较软，表面容易被磨料嵌入，适于制作研磨软钢类工件的研具。

3. 研磨剂

研磨剂是由磨料和研磨液调和而成的混合剂。

（1）磨料　磨料是一种粒度很小的粉状硬质材料，在研磨中起切削作用，研磨加工的效率和精度都与磨料有直接的关系。常用的磨料一般有以下三类。

1）氧化物磨料。常用的氧化物磨料有氧化铝（白刚玉）和氧化铬等，有粉状和块状两种。它具有较高的硬度和较好的韧性，主要用于碳素工具钢、合金工具钢、高速钢和铸铁工件的研磨，也可用于研磨铜、铝等各种有色金属。

2）碳化物磨料。碳化物磨料呈粉状，常见的有碳化硅、碳化硼，它的硬度高于氧化物磨料，除用于一般钢铁制件的研磨外，主要用来研磨硬质合金、陶瓷和硬铬之类的高硬度工件。

3）金刚石磨料。金刚石磨料有人造金刚石和天然金刚石两种，其切削能力、硬度比氧化物磨料和碳化物磨料都高，研磨质量也好。但由于其价格昂贵，一般只用于特硬材料的研磨，如硬质合金、硬铬、陶瓷和宝石等高硬度材料的精研磨加工。

磨料系列及其特性、适用范围见表11-1。

表 11-1　磨料系列及其特性、适用范围

系列	磨料名称	代号	特性	适用范围
氧化铝系	棕刚玉	A	棕褐色，硬度高，韧性大，价格便宜	粗、精研磨钢、铸铁和黄铜
	白刚玉	WA	白色，硬度比棕刚玉高，韧性比棕刚玉差	精研磨淬火钢、高速钢、高碳钢及薄壁零件
	铬刚玉	PA	玫瑰红或紫红色，韧性比白刚玉高，磨削表面粗糙度值小	研磨量具、仪表零件
	单晶刚玉	SA	淡黄色或白色，硬度和韧性比白刚玉高	研磨不锈钢、高钒高速钢等强度高、韧性大的材料
碳化物系	黑碳化硅	C	黑色有光泽，硬度比白刚玉高，脆而锋利，导热性和导电性良好	研磨铸铁、黄铜、铝、耐火材料及非金属材料
	绿碳化硅	GC	绿色，硬度和脆性比黑碳化硅高，具有良好的导热性和导电性	研磨硬质合金、宝石、陶瓷、玻璃等材料
	碳化硼	BC	灰黑色，硬度仅次于金刚石，耐磨性好	粗研磨和抛光硬质合金、人造宝石等硬质材料

磨料粒度是反映磨粒几何尺寸的大小、工件表面粗糙度和加工效率的重要指标。按国标 GB/T 2481.1 ~ 2—1998 规定，普通磨料是按粒度号 "F" 来划分等级，即磨料所能通过筛网在每英寸长度（25.4mm）上所含的网眼数。我国和国际标准及其他国家常用磨料粒度尺寸范围对比，见表 11-2。

表 11-2　中外常用磨料粒度尺寸比较表

粒度号	磨粒尺寸范围/μm			
	中国 （GB/T 2481.1—1998）	国际标准 ISO(86) FEPA(84)	日本工业标准 JISR6001—1998	美国标准 ANSIB74.12—1992
F4	5600 ~ 4750		—	5600 ~ 4750
F5	4750 ~ 4000		—	4750 ~ 4000
F7	3350 ~ 2800		—	3350 ~ 2800
F8	2800 ~ 2360		2800 ~ 2360	2800 ~ 2360
F10	2360 ~ 2000		2360 ~ 2000	2360 ~ 2000
F12	2000 ~ 1700		2000 ~ 1700	2000 ~ 1700
F14	1700 ~ 1400		1700 ~ 1400	1700 ~ 1400
F16	1400 ~ 1180		1400 ~ 1180	1400 ~ 1180
F20	1180 ~ 1000		1180 ~ 1000	1180 ~ 1000
F22	1000 ~ 850		1000 ~ 850	
F24	850 ~ 710		850 ~ 710	850 ~ 710
F30	710 ~ 600		710 ~ 600	710 ~ 600
F40	500 ~ 425		500 ~ 425	—
F46	425 ~ 355		425 ~ 355	425 ~ 355
F54	355 ~ 300		355 ~ 300	355 ~ 300
F60	300 ~ 250		300 ~ 250	300 ~ 250
F70	250 ~ 212		250 ~ 212	250 ~ 212
F80	212 ~ 180		212 ~ 180	212 ~ 180
F90	180 ~ 150		180 ~ 150	180 ~ 150
F100	150 ~ 125		150 ~ 125	150 ~ 125
F120	125 ~ 106		125 ~ 106	125 ~ 106
F150	106 ~ 75		106 ~ 75	106 ~ 75
F180	90 ~ 63		90 ~ 63	90 ~ 63
F220	75 ~ 53		75 ~ 53	75 ~ 53
F240	—		—	75 ~ 53

（2）研磨液　研磨液在加工过程中起调和磨料、冷却和润滑的作用，它能防止磨料过早失效和减少工件（或研具）的发热变形。常用的研磨液有煤油、汽油、L-AN10 和 L-AN20 全损耗系统用油、锭子油等。

4. 抛光工具

（1）手工抛光工具

1）平面抛光器。平面抛光器的手柄采用硬木制作，在抛光器的研磨面上刻出大小适当的凹槽，在离研磨面稍高的地方可有用于缠绕布类制品的止动凹槽，如图 11-5 所示。

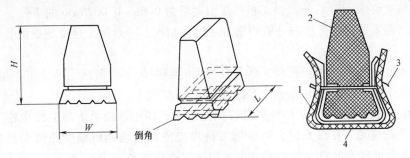

图 11-5 平面抛光器

1—人造皮革 2—木制手柄 3—铁丝或铅丝 4—尼龙布

若使用粒度较粗的研磨剂进行研磨加工，只需将研磨膏涂在抛光器的研磨面上进行研磨加工即可；若使用极细的微粉进行抛光作业，可将人造皮革缠绕在研磨面上，再把磨粒放在人造皮革上并以尼龙布缠绕，用铁丝（冷拉钢丝）沿止动凹槽捆紧后进行抛光加工。

若使用更细的磨粒进行抛光，可把磨粒放在经过尼龙布缠绕的人造皮革上，以粗棉布或法兰绒进行缠绕，之后进行抛光加工。原则上是磨粒越细，采用越柔软的包卷用布。每一种抛光器只能使用同种粒度的磨粒。各种抛光器不可混放在一起，应使用专用密封容器保管。

2）球面抛光器。球面抛光器与平面抛光器的操作方法基本相同。抛光凸形工件的研磨面，其曲率半径一般要比工件曲率半径大 3mm，抛光凹形工件的研磨面，其曲率半径比工件曲率半径要小 3mm，如图 11-6 所示。

3）自由曲面抛光器。对于自由曲面的抛光，应尽量使用小型抛光器。因为抛光器越小，越容易模拟自由曲面的形状，如图 11-7 所示。

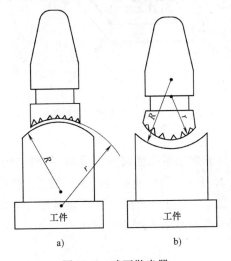

图 11-6 球面抛光器

a）抛光凸形工件 b）抛光凹形工件

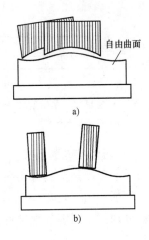

图 11-7 自由曲面抛光器

a）大型抛光器 b）小型抛光器

4）精密抛光用具。精密抛光的研具通常与抛光剂有关。当用混合剂抛光精密表面时，多采用高磷铸铁作研具；用氧化铬抛光精密表面时，则采用玻璃作研具。由于精密抛光是借助抛光研具精确型面来对工件进行仿型加工的，因此要求研具有一定的化学成分，并且还应有很高的制造精度。

凡尺寸精度要求小于 $1\mu m$，表面粗糙度值要求为 $0.08\sim0.0025\mu m$ 的工件，均需通过精密抛光。精密抛光的操作方法与一般研磨加工方法相同，不过加工速度比研磨要快，通常由钳工来完成。

（2）电动抛光工具　由于模具工作零件型面与型腔的手工研磨、抛光工作量大，因此，在模具制造业中已广泛采用电动抛光工具进行抛光加工。

1）手动砂轮机。利用手动砂轮机进行抛光加工，即用砂轮机上的柔性布轮（或用砂布叶轮）直接进行抛光。在抛光时，可根据工件抛光前原始表面粗糙度的情况及要求，选用不同规格的布轮或砂布叶轮，并按粗、中、细逐级进行抛光。

2）手持角式旋转研抛头或手持直身式旋转研抛头。加工面为平面或曲率半径较大的规则面时，采用手持角式旋转研抛头或手持直身式旋转研抛头配用铜环，抛光膏涂在工件上进行抛光加工，如图 11-8 所示。而对于加工面为小曲面或复杂形状的型面，则采用手持往复式抛光工具，也配用铜环，抛光膏涂在工件上进行抛光加工，如图 11-9 所示。特别是对于某些外表面形状复杂、带有凸凹沟槽的部位，则更需要采用往复式电动、气动或超声波手持研磨抛光工具，从不同角度对其不规则表面进行研磨修整及抛光。

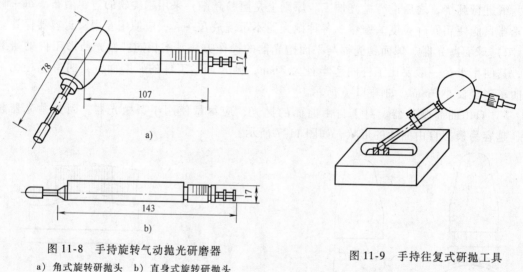

图 11-8　手持旋转气动抛光研磨器
a）角式旋转研抛头　b）直身式旋转研抛头

图 11-9　手持往复式研抛工具

3）新型抛光磨削头。新型抛光磨削头是采用高分子弹性多孔性材料制成的一种新型磨削头，这种磨削头具有微孔海绵状结构，磨料均匀，弹性好，可以直接进行镜面加工。使用时，磨削均匀，发热少，不易堵塞，能获得平滑、光洁、均匀的表面。弹性磨料配方有多种，分别用于磨削各种材料。磨削头在使用前可用砂轮修整成各种所需形状。

二、相关知识

1. 研磨基本概念

（1）研磨的基本原理　研磨是一种微量的金属切削运动，它的基本原理包含着物理和化学的综合作用。

1）物理作用。物理作用即磨料对工件的切削作用，研磨时，要求研具材料比被研磨的工件软，这样受到一定压力后，研磨剂中微小颗粒（磨料）被压嵌在研具表面上。这些细微的磨料小颗粒具有较高的硬度，成为无数个切削刃。由于研具和工件的相对运动，半固定或浮动的磨粒则在工件和研具之间作运动轨迹很少重复的滑动和滚动，因而对工件产生微量的切削作用，均匀地从工件表面切去一层极薄的金属。借助于研具的精确型面，从而使工件逐渐得到准确的尺寸精度及合格的表面粗糙度。

2）化学作用。当研磨剂采用氧化铬、硬脂酸等化学研磨剂进行研磨时，与空气接触的工件表面、很快形成一层极薄的氧化膜，而且氧化膜又很容易被研磨掉，这就是研磨的化学作用。

在研磨过程中，氧化膜迅速形成（化学作用），又不断地被磨掉（物理作用）。经过这样的多次反复，工件表面就很快地达到预定要求。由此可见，研磨加工实际体现了物理和化学的综合作用。

（2）研磨作用

1）细化表面粗糙度。各种不同加工方法所得表面粗糙度值的比较见表 11-3。经过研磨后的表面粗糙度值最小，在模具制造中，采用研磨细化压铸模和塑料模的型腔或型芯零件的表面粗糙度。

表 11-3　各种加工方法所得表面粗糙度值的比较

加 工 方 法	加 工 情 况	表面放大的情况	表面粗糙度值 $Ra/\mu m$
车			1.6 ~ 80
磨			0.4 ~ 5
压光			0.1 ~ 2.5
珩磨			0.1 ~ 1.0
研磨			0.05 ~ 0.2

2）能达到精确的尺寸。通过研磨后的工件尺寸精度可以达到 0.001 ~ 0.005mm。

3）提高零件几何形状的准确性。工件在机械加工中产生的形状误差，可以通过研磨的方法校正。

由于经过研磨后的工件表面粗糙度值很小，所以工件的耐蚀性和疲劳强度也相应得到提高，从而延长了零件的使用寿命。

（3）研磨余量　研磨的切削量很小，一般每研磨一遍所能磨去的金属层不能超过 0.002mm，所以研磨余量不能太大。否则，会使研磨时间增加，并且研磨工具的使用寿命也要缩短。通常研磨余量在 0.005~0.03mm 范围内比较适宜，有时研磨余量保留在工件的公差以内。

研磨余量应根据如下主要方面来确定：工件的研磨面积及复杂程度；零件的精度要求；零件是否有工装及研磨面的相互关系等。一般情况下的研磨余量见表 11-4。

表 11-4　研磨余量　　　　　　　　（单位：mm）

平 面 长 度	平 面 宽 度		
	≤25	26~75	75~150
≤25	0.005~0.007	0.007~0.010	0.010~0.014
26~75	0.007~0.010	0.010~0.014	0.014~0.020
76~150	0.010~0.014	0.014~0.020	0.020~0.024
151~260	0.014~0.018	0.020~0.024	0.024~0.030

2. 研磨方法

研磨分手工研磨和机械研磨两种，本项目主要对手工研磨进行介绍。手工研磨时，要使工件表面各处都受到均匀的切削，应合理选用运动轨迹，这对提高研磨效率、工件表面质量和研具的使用寿命都有直接影响。

（1）手工研磨　手工研磨的运动轨迹有直线形、摆动式直线形、螺旋形、8 字形或仿 8 字形等多种，如图 11-10 所示。它们的共同特点是工件的被加工面与研具的工作面在研磨中始终保持相密合的平行运动。这样的研磨运动既可获得比较理想的研磨效果，又能保持平板的均匀磨损，提高平板的使用寿命。

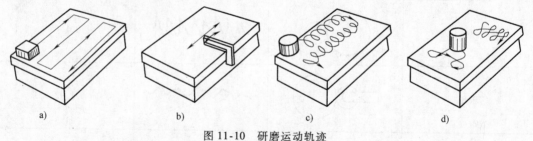

图 11-10　研磨运动轨迹
a）直线形　b）摆动式直线形　c）螺旋形　d）8 字形

1）直线形研磨运动轨迹　如图 11-10a 所示，由于直线运动的轨迹不会交叉，容易重叠，使工件难以获得较小的表面粗糙度值，但可获得较高的几何精度，常用于窄长平面或窄长台阶平面的研磨。

2）摆动式直线形研磨运动轨迹　如图 11-10b 所示，工件在作直线往复运动的同时进行左右摆动，常用于研磨直线度要求高的窄长刀口形工件，如刀口形直角尺、样板角尺测量刃口等的研磨。

3）螺旋形研磨运动轨迹　如图 11-10c 所示，适用于研磨圆片形或圆柱形工件的表面，如研磨千分尺的测量面等，可获得较高的平面度和较小的表面粗糙度值。

4）8 字形研磨运动轨迹　如图 11-10d 所示，这种运动能使研磨表面保持均匀接触，有利于提高工件的研磨质量，使研具均匀磨损，适于小平面工件的研磨和研磨平板的修整。

（2）平面的研磨

1）一般平面的研磨是在平整的研磨平板上进行的。

研磨前，先用煤油或汽油把研磨平板的工作表面清洗干净并擦干，再在研磨平板上涂上适当的研磨剂，然后把工件需研磨的表面（已去除毛刺并清洗过）合在研板上。沿研磨平板的全部表面，以 8 字形或螺旋形的旋转与直线运动相结合的方式进行研磨，并不断变更工件的运动方向。由于周期性的运动，使磨料不断在新的方向起作用，工件就能较快达到所需要的精度要求。

研磨时，要控制好研磨的压力和速度。研磨较小的高硬度工件或粗研时，可用较大的压力和较低的速度进行研磨。有时为减小研磨时的摩擦阻力，对自重大或接触面积较大的工件，研磨时可在研磨剂中加入一些润滑油或硬脂酸起润滑作用。

在研磨中，应防止工件发热，若稍有发热，应立即暂停研磨，避免工件因发热而产生变形。同时，工件在发热时所测尺寸也不准确。

2）窄平面的研磨应采用直线研磨运动轨迹。为保证工件的垂直度和平面度，应用金属块作导靠，使金属块和工件紧紧地靠在一起，并跟工件一起研磨，如图 11-11a 所示。导靠金属块的工作面与侧面应具有较高的垂直度。

若研磨工件的数量较多时，可用 C 形夹将几个工件夹在一起同时研磨。对一些易变形的工件，可用两块导靠金属块将其夹在中间，然后用 C 形夹头固定在一起进行研磨，如图 11-11b 所示，这样既可保证研磨的质量，又可提高研磨效率。

（3）曲面的研磨

1）外圆柱面的研磨。外圆柱面的研磨一般采用手工和机械相配合的研磨方法进行，即将工件装夹在车床或钻床上，用研磨环进行研磨，如图 11-12 所示。研磨环的内径尺寸比工件的直径略大 0.025 ~ 0.05mm，其长度是直径的 1 ~ 2 倍。

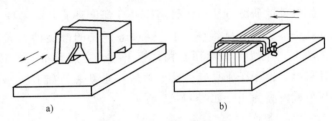

a)   b)

图 11-11　窄平面的研磨

a）使用导靠金属块　b）使用 C 形夹头

具体研磨方法是：将研磨的圆柱形工件牢固地装夹在车床或钻床上，然后在工件上均匀地涂敷研磨剂（磨料），套上研磨环（配合的松紧度以能用手轻轻推动为宜）。工件在机床主轴的带动下作旋转运动（直径在 ϕ80mm 以下，主轴转速为 100r/min；直径大于 ϕ100mm 时，主轴转速为 50r/min 为宜），用手扶持研磨环，在工件上作轴向直线往复运动。研磨环运动的速度以在工件表面上磨出 45°交叉的网纹线为宜，如图 11-13c 所示。研磨环移动速度过快时，网纹线与工件中心线的夹角小于 45°，如图 11-13a 所示；研磨速度过慢，则网纹线与工件中心线的夹角大于 45°，如图 11-13b 所示。

2）内圆柱面的研磨。研磨圆柱孔的研具是研磨棒，它是将工件套在研磨棒上进行研磨的。研磨棒的直径应比工件的内径略小 0.01 ~ 0.025mm，工作部分的长度比工件长 1.5 ~ 2 倍。圆柱孔的研磨方法同圆柱面的研磨方法类似，不同的是将研磨棒装夹在机床主轴上。对直径较大、长度较长的研磨棒，同样应用尾座顶尖顶住。将研磨剂（磨料）均匀涂布在研

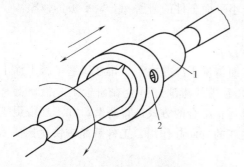

图 11-12　外圆柱面的研磨
1—工件　2—研磨环

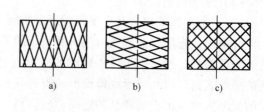

图 11-13　外圆柱面移动速度和网纹线的关系
a）太快　b）太慢　c）适当

磨棒上，然后套上工件，按一定的速度开动机床旋转，用手扶持工件在研磨棒上沿轴线作直线往复运动。研磨时，要经常擦干挤到孔口的研磨剂，以免造成孔口的扩大，或者采用将研磨棒两端都磨小尺寸的办法。研磨棒与工件相配合的间隙要适当，配合太紧，会拉毛工件表面，降低工件研磨质量；配合过松，会将工件磨成椭圆形，达不到要求的几何形状。间隙大小以用手推动工件不费力为宜。

3）圆锥面的研磨。圆锥面的研磨包括圆锥孔的研磨和外圆锥面的研磨。研磨圆锥面使用带有锥度的研磨棒（或研磨环）进行研磨，也可不用专门的研具，而用与研磨件相配合的表面直接进行研配的。研磨棒（或研磨环）应具有同研磨表面相同的锥度。研磨棒上开有螺旋槽，用来储存研磨剂，螺旋槽有右旋和左旋之分，如图 11-14 所示。

圆锥面的研磨方法是将研磨棒（或研磨环）均匀地涂上一层研磨剂（磨料），然后插入工件孔中（或套在圆锥体上），要顺着研具的螺旋槽方向进行转动（也可装夹在机床上），每转动 4~5 圈后，便将研具稍稍拔出些。之后再推入旋转研磨。当研磨接近要求时，可将研具拿出，擦干净研具或工件，然后再重新装入锥孔（或套在锥体上）研磨，直到表面呈银灰色或发亮为止，如图 11-15 所示。

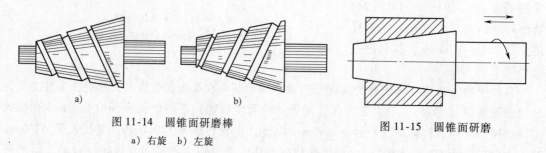

图 11-14　圆锥面研磨棒
a）右旋　b）左旋

图 11-15　圆锥面研磨

（4）研磨缺陷分析　研磨时产生缺陷的形式、原因及预防措施见表 11-5。

表 11-5　研磨时产生缺陷的形式、原因及预防措施

缺 陷 形 式	产 生 原 因	预 防 措 施
表面不光洁	① 磨料过粗 ② 研磨液不当 ③ 研磨剂涂得太薄	① 正确选用磨料 ② 正确选用研磨液 ③ 研磨剂涂布应适当
表面拉毛	研磨剂中混入杂质	做好清洁工作

（续）

缺陷形式	产生原因	预防措施
平面成凸形或孔口扩大	① 研磨剂涂得太厚 ② 孔口或工件边缘被挤出的研磨剂未擦去就连续研磨 ③ 研磨棒伸出孔口太长	① 研磨剂应涂得适当 ② 被挤出的研磨剂应擦去后再研磨 ③ 研磨棒伸出长度要适当
孔成椭圆形或有锥度	① 研磨时没有更换方向 ② 研磨时没有调头研	① 研磨时应变换方向 ② 研磨时应调头研
薄形工件拱曲变形	① 工件发热了仍继续研磨 ② 装夹不正确引起变形	① 不使工件温度超过50℃，发热后应暂停研磨 ② 装夹要稳定，不能夹得太紧

（5）抛光缺陷分析　抛光过程中产生的主要问题是"过抛光"。即由于抛光时间长，表面反而变得粗糙，并产生橘皮状或针孔状缺陷，见表11-6。这种情况主要出现在机抛时，而手抛时很少出现。

表11-6　抛光产生缺陷的原因及预防措施

缺陷形式	产生原因	防止办法
橘皮状缺陷	① 抛光时压力过大且时间过长 ② 材料较软	① 氮化或其他热处理方式降低材料的表面粗糙度值 ② 采用软质抛光工具
针孔状缺陷	材料中含有杂质	① 避免用氧化铝抛光膏进行机抛 ② 在适当的压力下作最短时间的抛光 ③ 采用优质合金钢材

三、加工准备

工、量具准备清单见表11-7。

表11-7　工、量具准备清单

序号	名　称	规　格	数量	备注
1	游标卡尺	0~300mm,0.02mm	1	
2	游标万能角度尺	0°~320°,2′	1	
3	游标高度尺	0~300mm,0.02mm	1	
4	刀口形直尺	125mm	1	
5	刀口形直角尺	160mm×100mm	1	
6	钢直尺	150mm	1	
7	千分尺	0~25mm,25~50mm,50~75mm	各1	
8	锉刀	自定	1	
9	三角锉	自定	1	
10	手锯	300mm	1	
11	锯条	300mm	若干	
12	钻头	φ3mm	1	
13	划针		1	
14	锤子	1kg	1	

（续）

序号	名　称	规　格	数量	备注
15	研磨板	光滑平板	1	
16	磨料	棕刚玉	若干	
17	研磨粉		1	
18	软钳口		1	
19	锉刀刷		1	
20	毛刷		1	

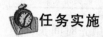任务实施

一、刀口形直角尺加工步骤

刀口形直角尺加工步骤见表11-8。

表11-8　刀口形直角尺的加工步骤

加工步骤	加工内容	图　样
1	检查毛坯尺寸，去除锐边毛刺	
2	划线并粗锉两个外直角面，使两面垂直并留精锉余量	
3	划出距外直角面20.5mm的内直角线	20.5　20.5
4	钻 $\phi3$ mm 工艺孔	$\phi3$

（续）

加工步骤	加工内容	图　样
5	按划线锯削,去除内直角面余料	
6	粗锉内直角面,留出精锉余量	
7	锉削两平面(D 面及对面)至尺寸要求	
8	精锉外直角面,达到直线度 0.05mm、相对于 B 面的垂直度 0.01mm	

（续）

加工步骤	加工内容	图　样
9	精锉内直角面,达到图样要求	
10	划线并锉削 100mm 和 70mm 角尺的端面	
11	按图样划线（刀口斜面线）	
12	锉削两刀口斜面	
13	锐边倒棱,检查全部精度	

二、教师点拨

1）锉削姿势要正确。

2）工、量具的使用方法要正确。

3）要边做边量，靠工量具控制尺寸和角度。

4）正确选择研磨工具和研磨剂。

职业素养提高

一、ISO9000 质量管理体系是什么？

ISO9000 质量管理体系是国际标准化组织（ISO）制订的国际标准之一，是指"由 ISO/TC176（国际标准化组织质量管理和质量保证技术委员会）制订的所有国际标准"。该标准可帮助组织实施并有效运行质量管理体系，是质量管理体系通用的要求和指南。我国在 20 世纪 90 年代将 ISO9000 系列标准转化为国家标准，随后，各行业也将 ISO9000 系列标准转化为行业标准。

国际标准化组织（International Organization for Standardization，ISO）是世界上最主要的非政府国际标准化机构之一，成立于第二次世界大战以后，总部位于瑞士日内瓦。该组织成立的目的是在世界范围内促进标准化及有关工作的开展，以利于国际贸易的交流和服务，并发展在知识、科学、技术和经济活动中的合作，以促进产品和服务贸易的全球化。ISO 组织制订的各项国际标准在全球范围内得到该组织的 100 多个成员国家和地区的认可。

质量保证标准，诞生于美国军品使用的军标。第二次世界大战后，美国国防部吸取第二次世界大战中军品质量优劣的经验和教训，决定在军火和军需品订货中实行质量保证，即供方在生产所订购的货品中，不但要按需方提出的技术要求保证产品实物质量，而且要按订货时提出的且已订入合同中的质量保证条款要求去控制质量，并在提交货品时提交控制质量的证实文件。这种办法促使承包商进行全面的质量管理，取得了极大的成功。1978 年以后，质量保证标准被引用到民品订货中来，英国制订了一套质量保证标准，即 BS5750。随后欧美很多国家为了适应供需双方实行质量保证标准并对质量管理提出的新要求，在总结多年质量管理实践的基础上，相继制订了各自的质量管理标准和实施细则。

ISO/TC176 技术委员会是 ISO 为了适应国际贸易往来中民品订货采用质量保证做法的需要而成立的，该技术委员会在总结和参照世界有关国家标准和实践经验的基础上，通过广泛协商，于 1987 年发布了世界上第一个质量管理和质量保证系列国际标准——ISO9000 系列标准。该标准的诞生标志着世界范围质量管理和质量保证工作进入了一个新纪元，对推动世界各国工业企业的质量管理和供需双方的质量保证、促进国际贸易交往起到了很好的作用。

二、ISO 认证特点有哪些？

1. 标准特点

随着国际贸易的发展和标准实施中出现的问题逐渐增加，特别是服务业在世界经济中所占的比重越来越大，ISO/TC176 分别于 1994 年、2000 年对 ISO9000 质量管理标准进行了两次全面的修订。由于该标准吸收了国际上先进的质量管理理念，采用 PDCA 循环的质量哲学思想，对于产品和服务的供需双方具有很强的实践性和指导性。因此，标准一经问世，立即得到世界各国普遍欢迎，世界上已有70多个国家直接采用该标准或等同转为相应国家标准，有50多个国家建立质量体系认证/注册机构，形成了世界范围内的贯标和认证热。全球已有几十万家工厂企业、政府机构、服务组织及其他各类组织导入ISO9000并获得第三方认证。ISO组织最新颁布的ISO9000：2000系列标准，现在最新标准为2008年执行标准，有四个核心标准：《ISO9000：2008质量管理体系　基础和术语》《ISO9001：2008质量管理体系要求》《ISO9004：2008质量管理体系　业绩改进指南》《ISO19011：2002质量和（或）环境管理体系审核指南》。

其中《ISO9001：2008质量管理体系　要求》是认证机构审核的依据标准，也是想进行认证的企业需要满足的标准。

2. 认证的好处

公司通过ISO9001认证能带来如下的益处：

1）强调以顾客为中心的理念，明确公司通过各种手段去获取和理解顾客的要求，确定顾客要求，通过体系中各个过程的运作满足顾客要求甚至超越顾客要求，并通过顾客满意的测量来获取顾客满意程序的感受，以不断提高公司在顾客心中的地位，增强顾客的信心。

2）明确要求公司最高管理层直接参与质量管理体系活动，从公司层面制订质量方针和各层次质量目标，最高管理层通过及时获取质量目标的达成情况以判断质量管理体系运行的绩效，直接参与定期的管理评审以掌握整个质量体系的整体状况，并及时对体系不足之处采取措施，从公司层面保证资源的充分性。

3）明确各职能和层次人员的职责权限以及相互关系，并从教育、培训、技能和经验等方面明确各类人员的能力要求，以确保他们是胜任的；通过全员参与到整个质量体系的建立、运行和维持活动中，以保证公司各环节的顺利运作。

4）明确控制可能产生不合格产品的各个环节，对产生的不合格产品进行隔离、处置，并通过制度化的数据分析，寻找产生不合格产品的根本原因；通过纠正或预防措施防止不合格发生或再次发生，从而不断降低公司发生的不良质量成本；通过其他持续改进的活动来不断提高质量管理体系的有效性和效率，从而实现公司成本的不断降低和利润的不断增长。

5）通过单一的第三方注册审核代替累赘的第二方工厂审查，第三方专业的审核可以更深层次地发现公司存在的问题；通过定期的监督审核来督促公司的人员按照公司确定的质量管理体系规范来开展工作。

6）获得质量体系认证是取得客户配套资格和进入国际市场的敲门砖，也是企业开展供应链管理的重要依据。

3. 适用范围

ISO 9001:2008标准为企业申请认证的依据标准，在标准的适用范围中明确本标准是适用于各行各业，且不限制企业的规模大小。国际上通过认证的企业涉及国民经济中的各行各业。

4. 申请认证的条件

组织申请认证须具备以下基本条件：

1）具备独立的法人资格或经独立的法人授权的组织。

2）按照ISO9001:2008标准的要求建立文件化的质量管理体系。

3）已经按照文件化的体系运行三个月以上，并在进行认证审核前按照文件的要求进行了至少一次管理评审和内部质量体系审核。

ISO9000:2008体系里有22个标准和3个指导性文件，从1987年到目前为止，ISO9000体系一直都在增加标准，最新的标准是2008年版本，整体条文并未改变，但细节有所加强。

5. ISO 精髓在于预防

质量是由人控制的，只要是人，难免会犯这样或那样的错误。减少犯错、预防犯错，就是ISO9000族标准的精髓。预防措施是一项重要的改进活动，它是自发的、主动的、先进的。可以说，组织采取预防措施的能力，是管理实力的表现。

当然，ISO9000族标准是站在顾客角度看问题的，顾客希望企业有预防问题发生的能力，所以这是顾客选择供方的一个考虑因素。

标准要求组织建立文件化的预防措施程序，很多组织将这个程序和纠正措施程序合并在一起写，特别是中小型企业。这不违反标准要求。

采取预防措施，是一种决策。决策需要数据分析，需要有证据来源。这些数据可以有：

1）过程控制的统计，生产报表、质量报表。

2）制造商推荐的机器设备使用要求，如允许范围、使用年限。

3）监视计算机服务器容量的使用。

4）机器负荷的监视。

5）员工的迟到率、缺勤率和流失率。

6）服务调查。

7）市场调查、顾客订货量。

8）供方业绩表现等。

如果数据分析的结果是趋向于将发生问题/事故，那采取一些预防措施应该是相关责任岗位的本能反应，如：

1）策划和实施设备维修。

2）警报、指示和派员督导。

3）防错技术（也称为"防呆"）、设备改造、防护器材等。

组织管理者为预防措施提供资源，是一种保证。采取预防措施的积极性，是一种企业文化的表现，而企业文化，是由最高管理者慢慢教化培养出来的。

组织应该建立机制，奖励采取预防措施的行为，深度地解决发现的问题。

在ISO9001认证审核的实践中，经常发现有许多客户能自我发现一些问题，如内审、考核、检查、退换货、投诉等，也采取了一些措施，但这些措施有许多是走过场的，就事论事，仅仅纠正了不合格。事后，经常有重复发生的实例。ISO9001标准第8.5.2条款，对纠正措施提出了明确的要求。发现了问题，不但要改进，还且还要有效地改进。投入了资源想解决问题，就应该把它解决得彻底一些。要有效地解决问题，在于消除产生问题的原因。

需要去解决的那些问题，通常是对组织是有一定影响的。由于分析和解决问题通常需要时间，所以组织应该先采取有力措施，先控制或消除不合格产品/服务本身，这称为"纠正"。

组织应该为纠正措施设立一个目标（处理到什么程度），最好有时间表。标准要求记录纠正措施的展开、跟踪、结果和验收。对纠正措施的管理应该形成文件制度。组织还要考虑采取措施的经济效益，不应该投入一百万去解决一个损害只有十块钱的问题。问题的重复发生是有概率的，如果能正确预估，则能更有针对性地采取预防措施。

　　由于组织原有的体系是一个有机的整体，在采取有力的措施时，要考虑这些措施会不会影响到原有的体系，防止出现意想不到的问题。百分之百地解决问题，只是一种理想状态。企业在发展过程中，问题是解决不完的，因此只能尽量减少和预防问题的发生。

巩固与提高

一、简答题

1. 简述研磨的作用。

2. 简述手工研磨的运动轨迹种类。

3. 简述 ISO9000:2008 质量管理体系的四个核心标准。

二、判断题

1. 在研磨中，应防止工件发热，若稍有发热，应立即暂停研磨，避免工件因发热而产生变形。同时，工件在发热时所测尺寸也不准确。（　　　）

2. 过抛光指的是由于抛光时间长，表面反而变得粗糙，并产生橘皮状或针孔状缺陷。（　　　）

任务评价

零件加工结束后，把学生的表现情况和任务检测结果填入表11-9。

表 11-9　任务评价表

项目十一　制作刀口形直角尺

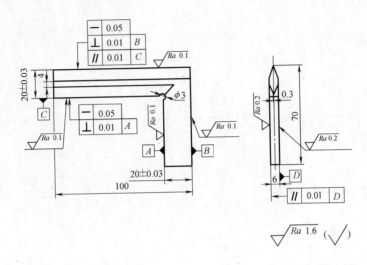

考　核　内　容		分值	自评	互评	教师评价
职业素养	1)协作精神	5			
	2)纪律观念	10			
	3)表达能力	5			
	4)工作态度	5			
理论知识点	1)用游标万能角度尺测量角度的方法	5			
	2)刀口形直角尺的划线方法	5			
	3)刀口形直角尺的研磨抛光方法	5			
操作知识点	1)20mm±0.03mm(2 处)	2×4			
	2)直线度公差≤0.05mm(2 处)	2×4			
	3)垂直度公差≤0.01mm(2 处)	2×4			
	4)平行度公差≤0.01mm(2 处)	2×4			
	5)表面粗糙度 Ra≤0.1μm(4 处)	4×2			
	6)表面粗糙度 Ra≤0.2μm(2 处)	2×2			
	7)表面粗糙度 Ra≤1.6μm(6 处)	6×1			
	安全文明生产	10			
总　　　分		100			

评语：

专业和班级		姓名		学号	

指导教师：　　　　　　　　　　　　　　　　　　　　　　　　　　　　　年___月___日

任务总结

我学到的知识点	1) 2) 3) 4)
还需要进一步提高的操作练习（知识点）	1) 2) 3) 4)
存在疑问或不懂的知识点	1) 2) 3) 4)
应注意的问题	1) 2) 3) 4)
其他	1) 2) 3) 4)

附　　录

附录 A　钳工中级理论考试模拟试题及参考答案

钳工中级理论考试模拟试题一

一、**单项选择**（第 1~80 题。选择一个正确的答案，将相应的字母填入题内的括号中。每题 1 分，满分 80 分。）

1. 一张完整的装配图包括一组图形、（　　　）、必要的技术要求、零件序号和明细栏、标题栏。

　A. 正确的尺寸　　　　B. 完整的尺寸　　　　C. 合理的尺寸　　　　D. 必要的尺寸

2. 标注几何公差代号时，几何公差框格左起第二格应填写（　　　）。

　A. 几何公差项目符号　　　　　　　　　　B. 几何公差数值

　C. 几何公差数值及有关符号　　　　　　　D. 基准代号

3. 千分尺的制造精度主要是由它的（　　　）来决定的。

　A. 刻线精度　　　　　　　　　　　　　　B. 测微螺杆精度

　C. 微分筒精度　　　　　　　　　　　　　D. 固定套筒精度

4. 机械传动是采用带轮、齿轮、轴等机械零件组成的传动装置来进行能量（　　　）的。

　A. 转换　　　　　　B. 传递　　　　　　C. 输入　　　　　　D. 交换

5. （　　　）越好，允许的切削速度越高。

　A. 韧性　　　　　　B. 强度　　　　　　C. 耐磨性　　　　　D. 耐热性

6. 长方体工件定位，在主要基准面上应分布（　　　）支承点，并要在同一平面上。

　A. 一个　　　　　　B. 两个　　　　　　C. 三个　　　　　　D. 四个

7. 为保证机床操作者的安全，机床照明灯的电压应选（　　　）。

　A. 380V　　　　　　B. 220V　　　　　　C. 110V　　　　　　D. 36V 以下

8. 用 15 钢制造凸轮时，要求表面有高硬度，而心部有高韧性，就采用（　　　）的热处理工艺。

　A. 渗碳 + 淬火 + 低温回火　　　　　　　B. 退火

　C. 调质　　　　　　　　　　　　　　　　D. 表面淬火

9. 用划针盘行划线时，划针应尽量处于（　　　）位置。

　A. 垂直　　　　　　B. 倾斜　　　　　　C. 水平　　　　　　D. 随意

10. 锉刀共分三种，有钳工锉、特种锉和（　　　）。

　A. 刀口锉　　　　　B. 菱形锉　　　　　C. 整形锉　　　　　D. 椭圆锉

11. 对于标准麻花钻而言，在正交平面内（　　　）与基面之间的夹角称为前角。

　A. 后刀面　　　　　B. 前刀面　　　　　C. 副后刀面　　　　D. 切削平面

12. 常用螺纹按（　　）可分为三角形螺纹、矩形螺纹、梯形螺纹和锯齿形螺纹等。

A. 螺纹的用途　　　　　　　　　　B. 螺纹轴向剖面内的形状

C. 螺纹的受力方式　　　　　　　　D. 螺纹在横向剖面上的形状

13. 孔的上极限尺寸与轴的下极限尺寸的代数差为负值，称为（　　）。

A. 过盈值　　　　B. 最小过盈　　　　C. 最大过盈　　　　D. 最大间隙

14. 在钻床钻孔时，钻头的旋转是（　　）运动。

A. 主　　　　B. 进给　　　　C. 切削　　　　D. 工作

15. 标准群钻钻头修磨分屑槽是在（　　）磨出分屑槽。

A. 前刀面　　　　B. 副后刀面　　　　C. 基面　　　　D. 后刀面

16. 蓝油适用于（　　）刮削。

A. 铸铁　　　　B. 钢　　　　C. 铜合金　　　　D. 任何金属

17. 金属板四周呈波纹状，用延展法进行矫平时，锤击点应（　　）。

A. 从一边向另一边　　B. 从中间向四周　　C. 从一角开始　　　D. 从四周向中间

18. 零件的（　　）是装配前工作要点之一。

A. 平衡试验　　　　B. 密封性试验　　　　C. 清理、清洗　　　　D. 热处理

19. （　　）的主轴最高转速是 1360r/min。

A. Z3040　　　　B. Z5025　　　　C. Z4012　　　　D. CA6140

20. 过盈连接的配合面多为（　　），也有圆锥面或其他形式的。

A. 圆形　　　　B. 正方形　　　　C. 圆柱形　　　　D. 矩形

21. 转速高的大齿轮装在轴上后应作（　　）检查，以免工作时产生过大振动。

A. 精度　　　　B. 两齿轮配合精度　　C. 平衡　　　　D. 齿面接触

22. 按能否自动调心，滚动轴承又分（　　）和一般轴承。

A. 向心轴承　　　　B. 推力轴承　　　　C. 球轴承　　　　D. 球面轴承

23. 拆卸时的基本原则，拆卸顺序与装配顺序（　　）。

A. 相同　　　　B. 相反　　　　C. 也相同也不同　　　　D. 基本相反

24. 用检验棒校正丝杠螺母副（　　）时，为消除检验棒在各支承孔中的安装误差，可将检验棒转过 180°后再测量一次，取其平均值。

A. 同轴度　　　　B. 垂直度　　　　C. 平行度　　　　D. 跳动

25. 钳工车间设备较少，工件摆放时要（　　）。

A. 堆放　　　　B. 大压小　　　　C. 重压轻　　　　D. 放在工件架上

26. 机床导轨和滑行面，在机械加工之后，常用（　　）方法进行加工。

A. 锉削　　　　B. 刮削　　　　C. 研磨　　　　D. 錾削

27. 检验平板只能检查工件的（　　）。

A. 平面度和尺寸　　B. 尺寸和直线度　　C. 平面度和贴合程度　D. 平面度和垂直度

28. 薄板中间凸起是由于变形后中间材料（　　）引起的。

A. 变厚　　　　B. 变薄　　　　C. 扭曲　　　　D. 弯曲

29. 产品装配的常用方法有（　　）、选择装配法、修配装配法和调整装配法。

A. 完全互换装配法　B. 直接选配法　　C. 分组装配法　　D. 互换装配法

30. 规定预紧力的螺纹连接，常用控制扭矩法、控制扭角法和（　　）来保证准确的预

紧力。

    A. 控制工件变形法　　　　　　　　　　B. 控制螺栓伸长法

    C. 控制螺栓变形法　　　　　　　　　　D. 控制螺母变形法

31. 销连接在机械中除了起到连接作用外，还起（　　　）和保险作用。

    A. 定位作用　　　　　B. 传动作用　　　　　C. 过载剪断　　　　　D. 固定作用

32. 过盈连接是依靠包容件和被包容件配合后的（　　　）来达到紧固连接的。

    A. 压力　　　　　　　B. 张紧力　　　　　　C. 过盈值　　　　　　D. 摩擦力

33. 链传动中，链的（　　　）以 20%L 为宜。

    A. 下垂度　　　　　　B. 挠度　　　　　　　C. 张紧力　　　　　　D. 拉力

34. 工件弯曲后，（　　　）长度不变。

    A. 外层材料　　　　　B. 中间材料　　　　　C. 中性层材料　　　　D. 内层材料

35. 凸缘式联轴器的装配技术要求是要保证各连接件（　　　）。

    A. 连接可靠　　　　　　　　　　　　　　B. 受力均匀

    C. 不允许有自动脱落现象　　　　　　　　D. 以上说法全对

36. 向心滑动轴承按结构不同可分为整体式、剖分式和（　　　）。

    A. 联接式　　　　　　B. 可拆式　　　　　　C. 内柱外锥式　　　　D. 叠加式

37. 轴承合金不能（　　　）做轴瓦，通常将它们浇铸到青铜、铸铁、钢材等基体上使用。

    A. 用于　　　　　　　B. 单独　　　　　　　C. 直接　　　　　　　D. 间接

38. 单缸四冲柴油机的工作包含有（　　　）。

    A. 进气行程　　　　　　　　　　　　　　B. 压缩和膨胀行程

    C. 排气行程　　　　　　　　　　　　　　D. A、B、C 全包括

39. 操作（　　　）时不能戴手套。

    A. 钻床　　　　　　　B. 车床　　　　　　　C. 铣床　　　　　　　D. 机床

40. 锯削过程中，（　　　）应稍抬起。

    A. 回程时锯　　　　　B. 推锯时　　　　　　C. 锯削硬材料　　　　D. 锯削软材料

41. 镗床是进行（　　　）加工的。

    A. 外圆　　　　　　　B. 平面　　　　　　　C. 螺纹　　　　　　　D. 内孔

42. 绘制零件图前先对零件进行形体分析，确定主视图方向后，然后（　　　）。

    A. 选择其他视图确立表达方案　　　　　　B. 画出各个视图

    C. 选择图幅确立作图比例　　　　　　　　D. 按排布图画基准线

43. 每次使用完百分表后，应将测量杆擦净，放在盒中，最后（　　　）。

    A. 涂上油脂　　　　　　　　　　　　　　B. 上机油

    C. 让测量杆处于自由状态　　　　　　　　D. 拿测量杆，以免变形

44. （　　　）是以刀具和工件之间相对运动来实现的。

    A. 焊接　　　　　　　B. 金属切削加工　　　C. 锻造　　　　　　　D. 切割

45. 锉削时，两脚分站立，左右脚分别以台虎钳中心线成（　　　）。

    A. 15°和15°　　　　　B. 15°和30°　　　　　C. 30°和45°　　　　　D. 30°和75°

46. 在钻壳体件与其相配衬套之间的骑缝螺纹底孔时，由于两者材料不同，孔中心样冲

眼要打在（　　　）。

　A. 略偏于硬材料一边　　　　　　　　B. 略偏于软材料一边

　C. 两材料之间　　　　　　　　　　　D. 衬套间

47. 研磨圆柱孔的研磨棒，其长度为工件长的（　　　）倍。

　A. 1～2　　　　　B. 1.5～2　　　　　C. 2～3　　　　　D. 3～4

48. 立钻 Z5025 立轴最低转速为（　　　）。

　A. 97r/min　　　　B. 1360r/min　　　C. 1420r/min　　　D. 50r/min

49. 离合器装配的主要技术要求之一是能够传递足够的（　　　）。

　A. 力矩　　　　　B. 弯矩　　　　　C. 转矩　　　　　D. 力偶矩

50. 起吊时吊钩要垂直于重心，绳与地面的夹角一般不超过（　　　）。

　A. 75°　　　　　B. 65°　　　　　C. 55°　　　　　D. 45°

51. 改善低碳钢的切削加工性，应采用（　　　）处理。

　A. 完全退火　　　B. 球化退火　　　C. 多力退火　　　D. 正火

52. 精锉时必须采用（　　　），使锉痕垂直，纹理一致。

　A. 交叉锉　　　　B. 旋转锉　　　　C. 逆向锉　　　　D. 顺向锉

53. 丝锥由（　　　）组成。

　A. 切削部分和柄部　　　　　　　　　B. 切削部分和校准部分

　C. 工作部分和校准部分　　　　　　　D. 工作部分和柄部

54. 在套螺纹过程中，材料受（　　　）作用而变形，使牙顶变高。

　A. 弯曲　　　　　B. 挤压　　　　　C. 剪切　　　　　D. 扭转

55. 一般工厂常采用成品研磨膏，使用时加（　　　）稀释。

　A. 汽油　　　　　B. 机油　　　　　C. 煤油　　　　　D. 柴油

56. 若弹簧内径与其他零件相配，用经验公式 $D_0 = (0.75～0.8)D_1$ 确定中心直径时，其系数应取（　　　）值。

　A. 大　　　　　　B. 中　　　　　　C. 小　　　　　　D. 任意

57. 圆锥面的过盈连接要求配合的接触面积达到（　　　）以上，才能保证配合的稳固性。

　A. 60%　　　　　B. 75%　　　　　C. 90%　　　　　D. 100%

58. 典型的滚动轴承由内圈，外圈（　　　）保持架四个基本元件组成。

　A. 滚动件　　　　B. 球体　　　　　C. 圆柱体　　　　D. 圆锥体

59. 錾削用的锤子锤头是碳素工具钢制成的，并淬硬处理，其规格用（　　　）表示。

　A. 长度　　　　　B. 重量　　　　　C. 体积　　　　　D. 高度

60. 对于薄管的锯削应该（　　　）。

　A. 分几个方向锯下　　　　　　　　　B. 快速锯下

　C. 从开始连续锯到结束　　　　　　　D. 缓慢地锯下

61. 工件的定位种类有完全定位、部分定位、重复定位和（　　　）。

　A. 欠定位　　　　B. 定位基准　　　C. 平面定位　　　D. 中心定位

62. 形状复杂、精度高的刀具通常用的材料是（　　　）。

　A. 工具钢　　　　B. 高速钢　　　　C. 硬质合金　　　D. 碳素钢

63. 标准麻花钻的后角是在（　　　）内后刀面与切削平面之间的夹角。

A. 基面　　　　　　B. 正交平面　　　　　C. 柱截面　　　　　D. 副后刀面

64. 锯路有交叉形和（　　　）两种。

A. 波浪形　　　　　B. 八字形　　　　　　C. 鱼鳞形　　　　　D. 螺旋形

65. 孔径较大时，应取（　　　）的切削速度。

A. 任意　　　　　　B. 较大　　　　　　　C. 较小　　　　　　D. 中速

66. 在中碳钢上攻 M10×1.5 螺孔，其底孔直径应是（　　　）。

A. 10mm　　　　　B. 9mm　　　　　　　C. 8.5mm　　　　　D. 7mm

67. 在研磨过程中氧化膜迅速地形成，即是（　　　）作用。

A. 物理　　　　　　B. 化学　　　　　　　C. 机械　　　　　　D. 科学

68. 在计算圆弧部分中性层长度的公式 $A = (r + x_0 t)\alpha/180$ 中，x_0 指的是材料的（　　　）。

A. 内弯曲半径　　　B. 中性层系数　　　　C. 中性层位置系数　D. 弯曲直径

69. 车床丝杠的纵向进给和横向进给运动是（　　　）。

A. 齿轮传动　　　　B. 液压传动　　　　　C. 螺旋传动　　　　D. 蜗杆传动

70. CA6140 车床主轴前轴承处温升（　　　），主要原因可能是前轴承预紧量大。

A. 慢　　　　　　　B. 低　　　　　　　　C. 不变　　　　　　D. 高

71. 一般常用材料外圆表面加工方法是（　　　）。

A. 粗车→精车→半精车　　　　　　　　　B. 半精车→粗车→精车

C. 粗车→半精车→精车　　　　　　　　　D. 精车→粗车→半精车

72. 设备修理、拆卸时一般应（　　　）。

A. 先拆内部、上部　　　　　　　　　　　B. 先拆外部、下部

C. 先拆外部、上部　　　　　　　　　　　D. 先拆内部、下部

73. 尺寸链中封闭环公称尺寸等于（　　　）。

A. 各组成环公称尺寸之和　　　　　　　　B. 各组成环公称尺寸之差

C. 所有公称尺寸与所有减环公称尺寸之和 D. 所有公称尺寸与所有增环公称尺寸之差

74. （　　　）用于最后修光工件表面。

A. 油光锉　　　　　B. 粗锉刀　　　　　　C. 细锉刀　　　　　D. 整形锉

75. 锯条上的全部锯齿按一定的规律（　　　）错开，排列成一定的形状称为锯路。

A. 前后　　　　　　B. 上下　　　　　　　C. 左右　　　　　　D. 一前一后

76. 人工呼吸法适用于（　　　）的触电者。

A. 有心跳无呼吸　　B. 无心跳无呼吸　　　C. 有心跳有呼吸　　D. 大脑死亡

77. 冬季应当采用黏度（　　　）的油液。

A. 较低　　　　　　B. 较高　　　　　　　C. 中等　　　　　　D. 不作规定

78. 液压系统中的辅助部分指的是（　　　）。

A. 液压泵　　　　　B. 液压缸　　　　　　C. 各种控制阀　　　D. 输油管、油箱等

79. 液压系统不可避免地存在（　　　），故其传动比不能严格保持准确。

A. 泄漏现象　　　　B. 摩擦阻力　　　　　C. 流量损失　　　　D. 压力损失

80. 带传动不能做到的是（　　　）。

A. 吸振和缓冲　　　　　　　　　　　　　B. 安全保护作用

C. 保证准确的传动比　　　　　　　　　D. 实现两轴中心较大的传动

二、判断题（第 81 ~ 100 题。将判断结果填入括号中。正确的填 "√"，错误的填 "×"。每题 1 分，满分 20 分。）

（　　）81. 一张完整的装配图的内容包括：一组图形、必要的尺寸、必要的技术要求、零件序号和明细栏、标题栏。

（　　）82. 机械传动是采用带轮、齿轮、轴等机械零件组成的传动装置来进行能量传递的。

（　　）83. 大型工件划线时，如果没有长的钢直尺，可用拉线代替，没有大的直尺则可用线坠代替。

（　　）84. 麻花钻主切削刃上各点的前角大小相等，切削条件好。

（　　）85. 立式钻床的主要部件包括主轴箱、主轴、进给变速箱和齿条。

（　　）86. 普通圆柱蜗杆传动的精度等级有 12 个。

（　　）87. 修理工艺过程包括修理前的准备工作、设备的拆卸、零件的修理和更换，以及装配、调整和试车。

（　　）88. V 带传动中，动力是依靠张紧在带轮上的带与带轮之间的摩擦力来传递的。

（　　）89. 选定合适的定位元件可以保证工件定位稳定和定位误差最小。

（　　）90. 装配就是将零件结合成部件，再将部件结合成机器的过程。

（　　）91. 蜗杆的轴线应在蜗轮轮齿的对称中心平面内。

（　　）92. 铣床上铣孔要比镗床上镗孔精度高。

（　　）93. 刮削是一种粗加工方法。

（　　）94. 锯路就是锯条在工件上锯过的轨迹。

（　　）95. 钻小孔时，应选择较大的进给量和较低的转速。

（　　）96. 锯硬材料要选择粗齿锯条，以便提高工作效率。

（　　）97. 在圆杆上套 M10 螺纹时，圆杆直径可加工为 9.75 ~ 9.85mm。

（　　）98. 矫直轴类零件时，一般架在 V 形铁上，使凸起部向上，用螺杆压力机矫直。

（　　）99. 麻花钻的工作部分由切削部分和导向部分组成。

（　　）100. 铰刀的齿数一般为 4 ~ 8 齿，为测量直径方便，多采用偶数。

钳工中级理论考试模拟试题二

一、单项选择（第 1 ~ 80 题。选择一个正确的答案，将相应的字母填入题内的括号中。每题 1 分，满分 80 分。）

1. 看装配图的第一步是先看（　　）。

A. 尺寸标注　　B. 表达方式　　C. 标题栏　　D. 技术要求

2. 标注几何公差代号时，几何公差数值及有关符号应填写在几何公差框格左起（　　）。

A. 第一格　　B. 第二格　　C. 第三格　　D. 任意

3. 孔的上极限尺寸与轴的下极限尺寸之代数差为正值叫（　　）。

A. 间隙值　　B. 最小间隙　　C. 最大间隙　　D. 最小过盈

4. 液压传动中常用的液压油是（　　）。

A. 汽油　　　　　　B. 柴油　　　　　　C. 矿物油　　　　　　D. 植物油

5. 刀具材料的硬度越高，耐磨性（　　）。

A. 越差　　　　　　B. 越好　　　　　　C. 不变　　　　　　D. 消失

6. 用划针划线时，针尖要紧靠在（　　）的边沿。

A. 工件　　　　　　B. 导向工具　　　　C. 平板　　　　　　D. 角尺

7. 感应淬火淬硬层深度与（　　）有关。

A. 加热时间度　　　B. 电流频率　　　　C. 电压　　　　　　D. 钢的含碳量

8. 零件的加工精度和装配精度的关系是（　　）。

A. 有直接影响　　　　　　　　　　　　B. 无直接影响

C. 可能有影响　　　　　　　　　　　　D. 可能无影响

9. 錾削硬钢或铸铁等硬材料时，楔角取（　　）。

A. 30°~50°　　　　B. 50°~60°　　　　C. 60°~70°　　　　D. 70°~90°

10. 用钻床钻孔时，钻头的旋转是（　　）运动。

A. 进给　　　　　　B. 切削　　　　　　C. 主　　　　　　　D. 工作

11. 标准群钻的形状特点是三尖七刃（　　）。

A. 两槽　　　　　　B. 三槽　　　　　　C. 四槽　　　　　　D. 五槽

12. R_z 是表面粗糙度评定参数中（　　）的符号。

A. 轮廓算术平均偏差　　　　　　　　　B. 微观不平度+点高度

C. 轮廓最大高度　　　　　　　　　　　D. 轮廓不平程度

13. 液压系统中执行部分是指（　　）。

A. 液压泵　　　　　　　　　　　　　　B. 液压缸

C. 各种控制阀　　　　　　　　　　　　D. 输油管，油箱管

14. 装配精度完全依赖于零件（　　）的装配方法是完全互换的。

A. 加工精度　　　　B. 制造精度　　　　C. 加工误差　　　　D. 精度

15. 标准丝锥切削部分的前角为（　　）。

A. 5°~6°　　　　　B. 6°~7°　　　　　C. 8°~10°　　　　　D. 12°~16°

16. 刮刀精磨须在（　　）上进行。

A. 磨石　　　　　　B. 粗砂轮　　　　　C. 油砂轮　　　　　D. 都可以

17. 中性层的实际位置与材料的（　　）有关。

A. 弯形半径和材料厚度　　　　　　　　B. 硬度

C. 长度　　　　　　　　　　　　　　　D. 强度

18. 分度头的主轴轴线能相对于工作台平面向上90°和向下（　　）。

A. 10°　　　　　　B. 45°　　　　　　C. 90°　　　　　　D. 120°

19. 松键装配在键长方向，键与（　　）的间隙是0.1mm。

A. 轴槽　　　　　　B. 槽底　　　　　　C. 轮廓　　　　　　D. 轴和廓槽

20. 两带轮的中心平面应重合，一般倾斜角要求不超过（　　）。

A. 5°　　　　　　　B. 4°　　　　　　　C. 2°　　　　　　　D. 1°

21. 整体式、剖分式、内柱外锥式向心滑动轴承是按轴承的（　　）形式不同划分的。

A. 结构　　　　B. 承受载荷　　　　C. 润滑　　　　D. 获得液体摩擦

22. 夹具体是组成夹具的（　　）。

A. 保证　　　　B. 先决条件　　　　C. 基础件　　　　D. 标准件

23. 相互运动的表层金属逐渐形成微粒剥落而造成的磨损称为（　　）。

A. 疲劳磨损　　B. 沙粒磨损　　　　C. 摩擦磨损　　　　D. 消耗磨损

24. 划线时，V形铁是用来安放（　　）工件的。

A. 方形　　　　B. 圆形　　　　　　C. 大型　　　　　　D. 复杂形状

25. 依靠改变输入电动机的电源相序，致使定子绕组产生的旋转磁场反向，从而使转子受到与原来转动方向相反的转矩而迅速停止的制动叫（　　）。

A. 反接制动　　B. 机械制动　　　　C. 能耗制动　　　　D. 电磁抱闸制动

26. 用压板夹持工件钻孔时，垫铁应比工件（　　）。

A. 稍低　　　　B. 等高　　　　　　C. 稍高　　　　　　D. 随意

27. 棒料和轴类零件在矫正时会产生（　　）变形。

A. 塑性　　　　B. 弹性　　　　　　C. 塑性和弹性　　　D. 扭曲

28. 由一个或一组工人在不更换设备或地点的情况下完成的装配工作称为（　　）。

A、装配工序　　B. 工步　　　　　　C. 部件装配　　　　D. 总装配

29. 在装配前，必须认真做好对装配零件的清理和（　　）工作。

A. 修配　　　　B. 调整　　　　　　C. 清洗　　　　　　D. 去毛刺

30. 指示式扭力扳手使（　　）达到给定值的方法是控制转矩法。

A. 张紧力　　　B. 压力　　　　　　C. 预紧力　　　　　D. 力

31. 销连接在机械中主要是定位、连接零件，有时还可作为安全装置的（　　）零件。

A. 传动　　　　B. 固定　　　　　　C. 定位　　　　　　D. 过载剪断

32. 采用V带传动时，摩擦力是（　　）的3倍。

A. 平带　　　　B. 同步带　　　　　C. 可调节V带　　　D. 窄V带

33. 影响齿轮传动精度的因素包括齿轮的加工精度、齿轮的精度等级、齿轮副的侧隙要求，以及（　　）。

A. 齿形精度　　　　　　　　　　　B. 安装是否正确
C. 传动平稳性　　　　　　　　　　D. 齿轮副的接触斑点要求

34、螺纹产生松动的故障主要是长期（　　）而引起的。

A. 磨损　　　　B. 运转　　　　　　C. 振动　　　　　　D. 工作

35. （　　）装配时，首先应在轴上装平键。

A. 牙嵌式离合器　　　　　　　　　B. 摩擦式离合器
C. 滑块式联轴器　　　　　　　　　D. 凸缘式联轴器

36. 液体静压轴承是用液压泵把（　　）送到轴承间隙，强制形成油膜。

A. 低压油　　　B. 中压油　　　　　C. 高压油　　　　　D. 超高压油

37. 内燃机按所用材料分类有（　　）、汽油机、煤气机和沼气机等。

A. 油机　　　　B. 柴油机　　　　　C. 往复活塞式　　　D. 旋转活塞式

38. 拆卸时的基本原则是拆卸顺序与（　　）相反。

A. 装配顺序　　B. 安装顺序　　　　C. 组装顺序　　　　D. 调节顺序

39. 刀具的磨损通常指的是（　　　）的磨损。

A. 切削表面　　　　B. 前刀面　　　　　C. 后刀面　　　　　D. 主切削面

40. 接触器是一种（　　　）的电磁式开关。

A. 间接　　　　　　B. 直接　　　　　　C. 非自动　　　　　D. 自动

41. R_y 是表面粗糙度评定参数中（　　　）。

A. 轮廓算术平均偏差　　　　　　　　B. 微观不平度

C. 轮廓最大高度　　　　　　　　　　D. 轮廓不平度

42. 国标规定外轮廓的大径应画（　　　）。

A. 点画线　　　　　B. 粗实线　　　　　C. 细实线　　　　　D. 虚线

43. 垂直度公差项目的符号是（　　　）。

A. —　　　　　　　B. ○　　　　　　　C. =　　　　　　　D. ⊥

44. 零件（　　　）具有的微小间距和峰谷所组成的微观几何形状不平的程度叫表面粗糙度。

A. 内表面　　　　　B. 外表面　　　　　C. 加工表面　　　　D. 外加工表面

45. 加工零件的特殊表面用（　　　）刀

A. 普通锉　　　　　B. 整形锉　　　　　C. 特种锉　　　　　D. 板锉

46. 钻直径超过33mm 的大孔一般分两次钻削，先用（　　　）倍孔径的钻头钻孔，然后用等孔径钻头扩孔。

A. 0.3 ~ 0.4　　　B. 0.5 ~ 0.7　　　C. 0.8 ~ 0.9　　　D. 1 ~ 1.2

47. 工件弯曲后，（　　　）长度不变。

A. 外层材料　　　　B. 中间材料　　　　C. 中性层材料　　D、内层材料

48. 在拧紧呈（　　　）布置的多个螺母时，必须对称地进行。

A. 长方形　　　　　B. 圆形　　　　　　C. 方形　　　　　　D. 圆形或方形

49. 剖分式滑动轴承，用定位沟槽和轴承上的（　　　）来止动

A. 凸台　　　　　　B. 沟槽　　　　　　C. 销孔　　　　　　D. 螺钉

50. 在碳化物系列中，研磨硬质合金应选用（　　　）磨料。

A. 棕刚玉　　　　　B. 白刚玉　　　　　C. 黑色碳化硅　　　D. 绿色碳化硅

51. 錾削时眼睛的视线要对着（　　　）。

A. 工件的錾削部位　　B. 錾子头部　　　C. 锤头　　　　　　D. 手

52. 锯条安装应该齿尖的方向（　　　）。

A. 朝左　　　　　　B. 朝右　　　　　　C. 朝前　　　　　　D. 朝后

53. 螺纹底孔直径的大小，要根据工件的（　　　）来考虑。

A. 大小　　　　　　B. 螺纹深度　　　　C. 重量　　　　　　D. 材料性质

54. 在研磨过程中氧化膜迅速形成，即是（　　　）作用。

A. 物理　　　　　　B. 化学　　　　　　C. 机械　　　　　　D. 科学

55. 在一般情况下，为简化计算，为 $X_0/t \geqslant 8$ 时，中性层系数可按（　　　）计算。

A. $X_0 = 0.3$　　　B. $X_0 = 0.4$　　　C. $X_0 = 0.5$　　　D. $X_0 = 0.6$

56. 根据装配方法解尺寸链有完全互换法、（　　　）、修配法、调整法。

A. 选择法　　　　　B. 直接选配法　　　C. 分组选配法　　　D. 互换法

57. 剖分式轴承的安装，无论在圆周的方向或轴向都不允许有（　　　）。

A. 间隙　　　　　　B. 位移　　　　　　C. 定位　　　　　　D. 接触

58. 水平仪用来检验工件或设备安装的（　　　）情况。

A. 垂直　　　　　　B. 平行　　　　　　C. 水平　　　　　　D. 倾斜

59. 为消除铸铁导轨的内应力所造成的精度变化，须在加工前作（　　　）处理。

A. 时效　　　　　　B. 回火　　　　　　C. 淬火　　　　　　D. 渗碳

60. 摇臂钻床的主轴转速和（　　　）范围都很广，所以加工范围广。

A. 刚性　　　　　　B. 进给量　　　　　C. 灵活性　　　　　D. 重量

61. 形状复杂，精度要求高的刀具应选用的材料是（　　　）。

A. 工具钢　　　　　B. 高速钢　　　　　C. 硬质合金　　　　D. 碳素钢

62. 对于标准麻花钻而言，在正交平面内（　　　）与基面之间的夹角称为前角。

A. 后刀面　　　　　B. 前刀面　　　　　C. 副后刀面　　　　D. 切削平面

63. 研具材料与被研磨的工件相比要（　　　）

A. 稍软　　　　　　B. 硬　　　　　　　C. 软硬均可　　　　D. 相同

64. 百分表的读数精度是（　　　）mm。

A. 1　　　　　　　B. 0.1　　　　　　C. 0.01　　　　　　D. 0.001

65. 孔径较大时，应取（　　　）的切削速度

A. 任意　　　　　　B. 较大　　　　　　C. 较小　　　　　　D. 中速

66. 在中碳钢上攻 M10×1.5 螺孔，其底孔直径应是（　　　）。

A. 10mm　　　　　B. 9mm　　　　　　C. 8.5mm　　　　　D. 7mm

67. 车床（　　　）的纵向进给和横向进给运动是螺旋传动。

A. 光杠　　　　　　B. 旋转　　　　　　C. 立轴　　　　　　D. 丝杠

68. 加工零件划线应从（　　　）开始。

A. 中心线　　　　　B. 基准面　　　　　C. 设计基准　　　　D. 划线基准

69. 刀具每次重磨之间用切削时间的总和称为（　　　）。

A. 传用时间　　　　　　　　　　　　　B. 转动时间

C. 刀具磨损限度　　　　　　　　　　　D. 刀具寿命

70. 为改善切削性能，刃磨后标准麻花钻的横刃长度为原来的（　　　）。

A. 1/3 ~ 1/2　　　　B. 1/5 ~ 1/3　　　C. 1/6 ~ 1/4　　　D. 1/6 ~ 1/5

71. 在研磨时，部分材料嵌入较软的（　　　）表面层，部分磨料则悬浮于工件与研具之间。

A. 工件　　　　　　B. 刀具　　　　　　C. 研具　　　　　　D. 研具和工件

72. （　　　）多用于普通的夹紧机构。

A. 简单的夹紧装置　B. 复合夹紧装置　　C. 连杆机构　　　　D. 螺旋机构

73. 编制工艺规程的方法首先是（　　　）。

A. 对产品进行分析　　　　　　　　　　B. 确立组织形成

C. 确立装配顺序　　　　　　　　　　　D. 划分工序

74. 过盈连接装配后（　　　）的直径被胀大。

A. 轴　　　　　　　B. 孔　　　　　　　C. 被包容件　　　　D. 圆

75. 退火的目的是（　　　）。

A. 提高硬度和耐磨性能 　　　　　　　　B. 降低硬度，提高塑性

C. 提高强度和韧性 　　　　　　　　　　D. 改善回火组织

76. 车刀切削部分材料的硬度不能低于（　　　）。

A. 90HRC 　　　　B. 70HRC 　　　　C. 60HRC 　　　　D. 50HRC

77. 将钢件加热、保温，然后随炉冷却的热处理工艺称为（　　　　）。

A. 正火 　　　　B. 退火 　　　　C. 调质 　　　　D. 表面淬火

78. 钻骑缝螺纹底孔时，应尽量用（　　　）钻头。

A. 长 　　　　B. 短 　　　　C. 粗 　　　　D. 细

79. 熔断器的作用是（　　　）。

A. 保护电路 　　　B. 接通、断开电源 　　C. 变压 　　　　D. 控制电流

80. 钳工实习时只允许穿（　　　）。

A. 凉鞋 　　　　B. 拖鞋 　　　　C. 高跟鞋 　　　　D. 工作鞋

二、判断题（第 81 ~ 100 题。将判断结果填入括号中。正确的填"√"，错误的填"×"。每题 1 分，满分 20 分。）

（　　　）81. 千分尺若受到撞击造成旋转不灵时，操作者应立即拆卸、检查和调整。

（　　　）82. 液压传动是以油液作为工作介质，依靠密封容积的变化来传递运动，依靠油液内部的压力来传递动力。

（　　　）83. 锉刀由锉身和锉柄两部分组成。

（　　　）84. 由于被刮削的表面上分布微浅凹坑，增加了摩擦阻力，降低了工件表面精度。

（　　　）85. 松键装配在键长方向，键与轴槽的间隙是 0.1mm。

（　　　）86. 液体静压轴承是用液压泵把高压油送到轴承间隙，强制形成油膜，靠液体的静压平衡外载荷。

（　　　）87. 螺旋传动机构是将螺旋运动变换为曲线运动。

（　　　）88. 接触器是一种自动的电磁式开关。

（　　　）89. 划规用来划圆和圆弧、等分线段、等分角度及量取尺寸等。

（　　　）90. 开合螺母机构用来接通丝杠传动的运动。

（　　　）91. 凸缘式联轴器在装配时，首先应在其上装平键。

（　　　）92. 千分尺的制造精度主要是由它的刻线精度来决定的。

（　　　）93. 分度头手柄摇过应摇的孔数，则手柄退回即可。

（　　　）94. 锯割时，无论远起锯还是近起锯，起锯的角度都要大于 15°。

（　　　）95. 在韧性材料上攻螺纹时，不可加切削液，以免降低螺纹表面粗糙度。

（　　　）96. 研磨的基本原理包括物理和化学综合作用。

（　　　）97. 弯曲有焊缝的管子，焊缝必须放在其弯曲内层的位置。

（　　　）98. 群钻的月牙槽是在麻花钻的主后刀面上对称地磨出的。

（　　　）99. 攻塑性材料的螺纹时，要加切削液，以减小切削阻力，减小螺纹孔的表面粗糙度值，延长丝锥使用寿命。

（　　　）100. 几个支承点同时限制一个自由度的定位，称为部分定位。

钳工中级理论考试模拟试题答案

试题一答案

一、选择题

1. D	2. C	3. B	4. B	5. D	6. C	7. D	8. A	9. C	10. C
11. B	12. B	13. B	14. A	15. D	16. C	17. B	18. C	19. B	20. C
21. C	22. A	23. B	24. A	25. D	26. B	27. C	28. B	29. A	30. B
31. A	32. C	33. A	34. C	35. D	36. C	37. B	38. D	39. A	40. A
41. D	42. A	43. C	44. B	45. D	46. A	47. B	48. A	49. C	50. D
51. D	52. D	53. C	54. B	55. B	56. A	57. B	58. A	59. B	60. A
61. A	62. B	63. C	64. A	65. C	66. B	67. B	68. C	69. C	70. B
71. C	72. C	73. D	74. A	75. C	76. A	77. A	78. D	79. A	80. D

二、判断题

81. √	82. √	83. √	84. ×	85. ×	86. √	87. √	88. √	89. √	90. √
91. √	92. ×	93. ×	94. ×	95. ×	96. ×	97. √	98. √	99. √	100. ×

试题二答案

一、选择题

1. C	2. B	3. C	4. C	5. B	6. D	7. B	8. A	9. C	10. C
11. A	12. B	13. B	14. A	15. C	16. A	17. A	18. A	19. A	20. D
21. A	22. C	23. A	24. B	25. A	26. C	27. B	28. A	29. C	30. C
31. D	32. A	33. D	34. C	35. D	36. C	37. B	38. B	39. C	40. D
41. C	42. B	43. D	44. C	45. C	46. B	47. C	48. D	49. A	50. D
51. A	52. C	53. C	54. B	55. B	56. A	57. B	58. C	59. A	60. B
61. B	62. B	63. A	64. C	65. C	66. C	67. D	68. D	69. D	70. D
71. C	72. D	73. A	74. B	75. B	76. C	77. B	78. B	79. A	80. D

二、判断题

81. ×	82. √	83. √	84. ×	85. √	86. √	87. ×	88. √	89. √	90. √
91. √	92. ×	93. ×	94. ×	95. ×	96. √	97. ×	98. √	99. √	100. ×

附录 B　工具钳工国家职业标准

1. 职业概况

1.1　职业名称

工具钳工。

1.2　职业定义

操作钳工工具、钻床等设备，进行刃具、量具、模具、夹具、索具、辅具等（统称工具，亦称工艺装备）的零件加工和修整，组合装配，调试与修理的人员。

1.3　职业等级

本职业共设五个等级，分别为：初级（国家职业资格五级）、中级（国家职业资格四级）、高级（国家职业资格三级）、技师（国家职业资格二级）、高级技师（国家职业资格一级）。

1.4　职业环境

室内，常温。

1.5　职业能力特征

具有一定的学习、表达和计算能力，具有一定的空间感、形体知觉及较敏锐的色觉；手指、手臂灵活，动作协调。

1.6　基本文化程度

初中毕业。

1.7　培训要求

1.7.1　培训期限

全日制职业学校教育，根据其培养目标和教学计划确定。晋级培训期限：初级不少于500 标准学时；中级不少于 400 标准学时；高级不少于 300 标准学时；技师不少于 300 标准学时；高级技师不少于 200 标准学时。

1.7.2　培训教师

培训初、中、高级工具钳工的教师应具有本职业技师以上职业资格证书或本专业中级以上专业技术职务任职资格；培训技师的教师应具有本职业高级技师职业资格证书或本专业高级专业技术职务任职资格；培训高级技师的教师应具有本职业高级技师职业资格证书 2 年以上或本专业高级专业技术职务任职资格。

1.7.3　培训场地设备

满足教学需要的标准教室和具有 80m² 以上的面积，且能安排 8 个以上工位，有相应的设备及必要的工具、量具，采光、照明、安全等设施符合作业规范的场地。

1.8　鉴定要求

1.8.1　适用对象

从事或准备从事本职业的人员。

1.8.2　申报条件

——初级（具备以下条件之一者）

（1）经本职业初级正规培训达规定标准学时数，并取得毕（结）业证书。

（2）在本职业连续见习工作 2 年以上。

（3）本职业学徒期满。

——中级（具备以下条件之一者）

（1）取得本职业初级职业资格证书后，连续从事本职业工作 3 年以上，经本职业中级正规培训达规定标准学时数，并取得毕（结）业证书。

（2）取得本职业初级职业资格证书后，连续从事本职业工作 5 年以上。

（3）连续从事本职业工作 7 年以上。

（4）取得劳动保障行政部门审核认定的、以中级技能为培养目标的中等以上职业学校本职业（专业）毕业证书。

——高级（具备以下条件之一者）

（1）取得本职业中级职业资格证书后，连续从事本职业工作 4 年以上，经本职业高级正规培训达规定标准学时数，并取得毕（结）业证书。

（2）取得本职业中级职业资格证书后，连续从事本职业工作 7 年以上。

（3）取得高级技工学校或经劳动保障行政部门审核认定的、以高级技能为培养目标的高等职业学校本职业（专业）毕业证书。

（4）取得本职业中级职业资格证书的大专以上本专业或相关专业毕业生，连续从事本职业工作 2 年以上。

——技师（具备以下条件之一者）

（1）取得本职业高级职业资格证书后，连续从事本职业工作 4 年以上，经本职业技师正规培训达规定标准学时数，并取得毕（结）业证书。

（2）取得本职业高级职业资格证书后，连续从事本职业工作 6 年以上。

（3）高级技工学校本职业（专业）毕业生和大专以上本专业或相关专业毕业生，取得本职业高级职业资格证书后连续从事本职业工作满 2 年。

——高级技师（具备以下条件之一者）

（1）取得本职业技师职业资格证书后，连续从事本职业工作 3 年以上，经本职业高级技师正规培训达规定标准学时数，并取得毕（结）业证书。

（2）取得本职业技师职业资格证书后，连续从事本职业工作 5 年以上。

1.8.3　鉴定方式

分为理论知识考试和技能操作考核。理论知识考试采用闭卷笔试方式，技能操作考核采用现场实际操作方式。理论知识考试和技能操作考核均实行百分制，成绩皆达 60 分以上者为合格。技师、高级技师鉴定还须进行综合评审。

1.8.4　考评人员与考生配比

理论知识考试考评人员与考生配比为 1:20，每个标准教室不少于 2 名考评员；技能操作考核考评员与考生配比为 1:3，且不少于 3 名考评员。

1.8.5　鉴定时间

理论知识考试时间不少于 120min；技能操作考核时间为 120～360min；论文答辩时间不少于 45min。

1.8.6　鉴定场所设备

理论知识考试在标准教室进行；技能操作考核在具备必要的工具及设备的工艺装备制造

车间进行。

2. 基本要求

2.1　职业道德

2.1.1　职业道德基本知识

2.1.2　职业守则

（1）遵守法律、法规和有关规定。

（2）爱岗敬业，具有高度的责任心。

（3）严格执行工作程序、工作规范、工艺文件和安全操作规程。

（4）工作认真负责，团结协作。

（5）爱护设备及工具、夹具、刀具、量具。

（6）着装整洁，符合规定；保持工作环境清洁有序，文明生产。

2.2　基础知识

2.2.1　基础理论知识

（1）识图知识。

（2）公差与配合。

（3）常用金属材料及热处理知识。

（4）常用非金属材料知识。

2.2.2　机械加工基础知识

（1）机械传动知识。

（2）机械加工常用设备知识（分类、用途、基本结构及维护保养方法）。

（3）金属切削常用刀具知识。

（4）典型零件（主轴、箱体、齿轮等）的加工工艺。

（5）设备润滑及切削液的使用知识。

（6）气动及液压知识。

（7）工具、夹具、量具使用与维护知识。

2.2.3　钳工基础知识

（1）划线知识。

（2）钳工操作知识（錾、锉、锯、钻、铰孔、攻螺纹、套螺纹）。

2.2.4　电工知识

（1）通用设备和常用电器的种类及用途。

（2）电气传动及控制原理基础知识。

（3）安全用电知识。

2.2.5　安全文明生产与环境保护知识

（1）现场文明生产要求。

（2）安全操作与劳动保护知识。

（3）环境保护知识。

2.2.6　质量管理知识

（1）企业的质量方针。

（2）岗位的质量要求。

（3）岗位的质量保证措施与责任。

2.2.7　相关法律、法规知识

（1）劳动法相关知识。

（2）合同法相关知识。

3. 工作要求

本标准对初级、中级、高级、技师、高级技师的技能要求依次递进，高级别包括低级别的要求。

3.1　初级

职业功能	工作内容	技能要求	相关知识
一、作业前准备	（一）作业环境准备和安全检查	1. 能对作业环境进行选择和整理 2. 能对常用设备、工具进行安全检查 3. 能正确使用劳动保护用品	1. 工具钳工主要作业方法和对环境的要求 2. 工具钳工常用设备、工具的使用、维护方法和安全操作规程 3. 劳动保护用品的作用和使用规定
	（二）技术准备（图样、工艺、标准）	1. 能读懂工具钳工常见的零件图及简单工艺装配图 2. 能读懂简单工艺文件及相关技术标准	1. 常见零件及简单装配图的识读知识 2. 典型零件的计算知识 3. 简单零件加工工艺知识
	（三）物质准备（设备、工具、量具）	1. 能正确选用加工设备 2. 能正确选择、合理使用工具、夹具、量具	1. 工具钳工常用设备的使用、维护、保养知识 2. 工具钳工常用工具、夹具、量具的使用和保养知识
二、作业项目实施	（一）零件的划线、加工、精整、测量	1. 能进行一般零件的平面划线及简单铸件的立体划线，并能合理借料 2. 能进行锯、錾、锉、钻、铰、攻螺纹、套螺纹、刮研、铆接、粘接及简单弯形和矫正 3. 能制作燕尾块、半燕尾块及多角样板等，并按图样进行检测及精整 4. 能正确使用和刃磨工具钳工常用刀具	1. 一般零件的划线知识 2. 铸件划线及合理借料知识 3. 刮削及研磨知识 4. 铆接、粘接、弯形和矫正知识 5. 样板的制作知识 6. 刀具的刃磨及砂轮知识
	（二）工艺装备的组装	能进行简单工具、量具、刀具、模具、夹具等工艺装备的组装、修整及调试	1. 机械装配基本知识 2. 简单工艺装备组装、修整、调试知识 3. 砂轮机、分度头等设备及工具的基本结构、工作原理和使用方法及维护知识 4. 起重设备的使用方法及其安全操作规程
	（三）工艺装备的检查	能按图样、技术标准及工艺文件对所组装的工艺装备进行检查	量具的选用及测量方法
三、作业后验证	工艺装备的验证	能参加一般工艺装备的现场验证和鉴定	工艺装备验证和鉴定的步骤及要求

3.2　中级

职业功能	工作内容	技能要求	相关知识
一、作业前准备	（一）作业环境准备和安全检查	1. 能进行特殊作业环境的选择和整理 2. 能对特殊设备、工具进行安全检查	1. 特殊作业环境下钳工作业安全操作规程 2. 特殊设备、工具的使用、维护和安全操作规程
	（二）技术准备（图样、工艺、标准）	1. 能读懂较复杂工艺装备的装配图 2. 能读懂较复杂的工艺文件及相关技术标准	1. 较复杂的工艺装备装配图的读图知识 2. 较复杂工件的加工工艺知识
	（三）物质准备（设备、工具、量具）	1. 能采取措施改进现有工艺装备以满足特殊要求 2. 能制作简单的辅助工具及夹具	工具钳工常用工具、夹具的种类、结构及使用保养方法
二、作业项目实施	（一）零件的划线、加工、精整、测量	1. 能进行较复杂、大型工件的划线及一般铸件的立体划线，并能合理借料 2. 能针对不同的材料合理选用群钻，并能进行刃磨 3. 能制作多元组合几何图形的配合零件，并达到一般配合精度	1. 复杂、大型工件及一般铸件的划线及借料知识 2. 钻削不同材料的群钻知识 3. 多元组合几何图形的配合零件制作知识
	（二）工艺装备的组装	能进行较复杂的工具、量具、刀具、模具、夹具等工艺装备的组装、修整及调试	较复杂工艺装备的组装及修整知识
	（三）工艺装备的检查	能按图样、技术标准及工艺文件对所组装的工具、量具、夹具、刀具、模具等工艺装备进行检查	工艺装备的检查知识
三、作业后验证	（一）工艺装备的验证	1. 能参加一般工艺装备的现场验证和鉴定 2. 能填写一般工艺装备的验证意见书	1. 一般工艺装备的现场验证及鉴定知识 2. 一般工艺装备验证意见书的填写方法
	（二）工艺装备故障分析、排除、修理	能分析一般工艺装备的故障原因，并进行故障排除	一般工艺装备的故障分析及排除方法

3.3　高级

职业功能	工作内容	技能要求	相关知识
一、作业前准备	（一）作业环境准备和安全检查	1. 能对大型、特殊环境的组内配合工种的作业进行安排 2. 能对大型、特殊机械装备进行安全检查	1. 大型、特殊作业环境下工具钳工作业安全操作 2. 大型、特殊机械装备的安全使用规程及操作方法
	（二）技术准备（图样、工艺、标准）	1. 能读懂复杂、精密、大型工艺装备的装配图及相关工艺文件和技术标准 2. 能设计简单专用工具及夹具	1. 典型零件及装配图的画法 2. 六点定位原理等工具、夹具设计知识
	（三）物质准备（设备、工具、量具）	1. 能进行复杂、精密、大型工具、检具、量具的准备和调试	复杂、精密、大型工具、检具、量具的使用知识

（续）

职业功能	工作内容	技能要求	相关知识
二、作业项目实施	（一）零件的划线、加工、精整、测量	1. 能进行精密、复杂、大型工件的划线及复杂铸件的立体划线，并能合理借料 2. 能制作多元组合几何图形的配合零件，并能达到较高配合精度 3. 能加工半圆孔、斜孔 4. 能进行高硬材料的特种加工和易损零件的修复	1. 复杂铸件的划线及借料知识 2. 准直器的使用方法及计算知识 3. 半圆孔、斜孔的加工知识 4. 高硬材料的特种加工知识 5. 零件的修复技术
	（二）工艺装备的组装	能进行精密、复杂、大型工具、量具、夹具、刀具、模具等工艺装备的组装、修整及调试	精密、复杂、大型工艺装备的组装、修整及调试知识
	（三）工艺装备的检查	能按图样、技术标准及工艺文件对所组装的工具、量具、夹具、刀具、模具等工艺装备进行检查	工艺装备的检查知识
三、作业后验证	（一）工艺装备的验证	1. 能参加大型、精密、复杂工艺装备的现场验证和鉴定 2. 能填写大型、精密、复杂工艺装备的验证意见书	1. 大型、精密、复杂工艺装备的现场验证及鉴定知识 2. 大型、精密、复杂工艺装备验证意见书的填写方法
	（二）工艺装备故障分析、排除、修理	能分析大型、精密、复杂工艺装备的故障产生原因，编制故障排除方案	1. 焊接、电镀、喷涂、镀层等特殊作业知识 2. 大型、精密、复杂工艺装备的故障分析及排除方法

3.4　技师

职业功能	工作内容	技能要求	相关知识
一、作业前准备	（一）作业环境准备和安全检查	能指导大型、特殊作业环境的安排和文明作业计划的实施	1. 劳动保护有关法规 2. 安全作业和文明生产要求及其相关知识 3. 作业环境要求和环境保护知识
	（二）技术准备（图样、工艺、标准）	1. 能编制一般工艺装备的加工工艺及修复工艺，并能解决关键难题 2. 能设计较复杂的专用工具	1. 加工工艺的编制知识 2. 较复杂专用工具的设计知识
	（三）物质准备（设备、工具、量具）	能进行特殊工作条件下作业前的物质准备	特殊工作条件下工艺装备的安装、调试知识
二、作业项目实施	（一）零件的划线、加工、精整、测量	1. 能进行畸形工件的平面划线及立体划线，并能合理借料 2. 能进行精、深、小及特殊孔的钻削	1. 畸形工件的划线知识 2. 精、深、小及特殊孔的钻削知识
	（二）工艺装备的组装	能解决工艺装备组装过程中的技术难题	工艺装备组装中常出现的问题及解决方法

（续）

职业功能	工作内容	技能要求	相关知识
三、作业后验证	工艺装备故障分析、排除、修理	能综合分析大型、精密、复杂或带动力驱动工艺装备的故障产生原因,编制故障排除方案,并组织实施	1. 气动、液压系统知识 2. 排除大型、复杂、精密工艺装备故障的方法
四、培训与指导	(一)指导操作	能指导初、中、高级工人进行实际操作	培训教学基本方法
	(二)理论培训	能讲授本专业技术理论知识	
五、管理	(一)质量管理	1. 能在本职工作中认真贯彻各项质量标准 2. 能运用全面质量管理知识,实现操作过程的质量分析与控制	1. 相关质量标准 2. 质量分析与控制方法
	(二)生产管理	1. 能组织有关人员协同作业 2. 能协助部门领导进行生产计划、调度及人员的管理	生产管理基本知识

3.5　高级技师

职业功能	工作内容	技能要求	相关知识
一、作业前准备	(一)作业环境准备和安全检查	能制订大型、特殊作业环境实施规范和文明作业计划,并组织实施	制定实施规范的原则和方法
	(二)技术准备(图样、工艺、标准)	1. 能参与编制复杂工艺装备的加工工艺及修复工艺 2. 能应用国内外新技术、新工艺、新材料 3. 能绘制较复杂的工艺装备设计图 4. 能实施 CAM 的简单操作	1. 计算机辅助设计(CAD)基础知识 2. 计算机辅助制造(CAM)应用知识 3. 国内外新技术、新工艺、新材料的应用信息 4. 较复杂工艺装备的设计知识
	(三)物质准备(设备、工具、量具)	能制定本职业进口、特殊、大型、精密工艺装备的全面准备方案	国际、国内先进工艺装备的应用知识
二、培训与指导	(一)指导操作	能指导初、中、高级工人和技师进行实际操作	培训讲义的编写方法
	(二)理论培训	能对本专业初、中、高级技术工人进行技术理论培训	

4.　比重表
4.1　理论知识

项　目		初级(%)	中级(%)	高级(%)	技师(%)	高级技师(%)
基本要求	职业道德	5	5	5	5	5
	基础知识	15	15	15	10	10
相关知识	作业环境准备和安全检查	10	5	5	5	5
作业前准备	技术准备(图样、工艺、标准)	5	5	5	10	10
	物质准备(设备、工具、量具)	5	5	5	5	5

（续）

项　目			初级 （%）	中级 （%）	高级 （%）	技师 （%）	高级技师 （%）
相关知识	作业项目 实施	零件的划线、加工、精整、测量	10	10	10	10	10
		工艺装备的组装	35	25	20	10	10
		工艺装备的检查	15	15	5	5	5
	作业后 验证	工艺装备的验证	—	10	20	10	5
		工艺装备的故障分析、排除、修理	—	5	10	15	20
	培训与 指导	指导操作	—	—	—	5	5
		理论培训					
	管理	质量管理	—	—	—	5	5
		生产组织				5	5
合　计			100	100	100	100	100

注：高级技师"作业项目实施"及"管理"模块内容按技师标准考核。

4.2　技能操作

项　目			初级 （%）	中级 （%）	高级 （%）	技师 （%）	高级技师 （%）
技能要求	作业前 准备	作业环境准备和安全检查	10	10	5	5	5
		技术准备（图样、工艺、标准）	5	5	5	10	10
		物质准备（设备、工具、量具）	5	5	5	5	5
	作业项 目实施	零件的划线、加工、精整、测量	15	15	10	10	10
		工艺装备的组装	50	45	35	25	15
		工艺装备的检查	15	10	10	5	5
	作业后 检验	工艺装备的验证	—	5	15	15	15
		工艺装备的故障分析、排除、修理	—	5	15	15	25
	指导与 培训	指导操作	—	—	—	5	5
		理论培训					
	管理	质量管理	—	—	—	5	5
		生产管理					
合　计			100	100	100	100	100

参考文献

[1] 孙德英，金海新. 钳工技能实训指导教程 [M]. 北京：机械工业出版社，2014.

[2] 冯刚，王海涛. 钳工技术与零件手工制作指导书 [M]. 北京：机械工业出版社，2014.

[3] 张国军，彭磊. 钳工技术及技能训练 [M]. 北京：北京理工大学出版社，2012.

[4] 周兆元. 钳工实训 [M]. 北京：化学工业出版社，2010.

[5] 陈秀华. 钳工实习 [M]. 北京：机械工业出版社，2010.

[6] 田华. 机修钳工工艺与技能训练 [M]. 北京：机械工业出版社，2013.

[7] 张国军，彭磊. 钳工技术及技能训练 [M]. 北京：北京理工大学出版社，2012.

[8] 朱宇钊，洪文仪. 装配钳工 [M]. 北京：机械工业出版社，2014.

[9] 胡家富. 钳工（高级）[M]. 2版. 北京：机械工业出版社，2013.

[10] 王恩海，付师星. 钳工技术 [M]. 大连：大连理工大学出版社，2008.

[11] 潘启平. 装配钳工技能训练 [M]. 北京：北京航空航天大学出版社，2013.

[12] 陈天祥，肖丽萍，陈龙. 维修钳工岗位技能实训教程 [M]. 北京：北京交通大学出版社，2012.

[13] 张玉中，曹明. 钳工实训 [M]. 2版. 北京：清华大学出版社，2011.

[14] 顾启涛，古英. 钳工实训实用教程 [M]. 北京：北京航空航天大学出版社，2014.

[15] 殷铖，王明哲. 模具钳工技术与实训 [M]. 北京：机械工业出版社，2012.

[16] 张念淮，胡卫星，魏保立. 钳工与机加工技能实训 [M]. 北京：北京理工大学出版社，2013.

[17] 王德洪. 钳工技能实训 [M]. 2版. 北京：人民邮电出版社，2010.

[18] 徐彬. 钳工（中级）[M]. 北京：机械工业出版社，2012.

[19] 童永华，冯忠伟. 钳工技能实训 [M]. 3版. 北京：北京理工大学出版社，2013.

[20] 罗启全. 模具钳工实用技术手册 [M]. 北京：化学工业出版社，2014.